普通高等学校电子信息类一流本科专业建设系列教材

MATLAB 信号处理仿真实践

普园媛　柏正尧　赵征鹏　编著

科学出版社

北　京

内 容 简 介

本书以 MATLAB 2017b 为基础，详细介绍 MATLAB/Simulink 在信号处理仿真等领域的应用。本书共 6 章，主要内容包括 MATLAB 基础，Simulink 仿真基础，信号产生、处理和分析，滤波器设计、分析和实现，信号变换与频谱分析，信号处理系统仿真实例。

本书以工程应用为目标，重点介绍基于 MATLAB/Simulink 的信号处理实现方法，内容编排合理，条理清晰，实例丰富，是一本 MATLAB/Simulink 编程技术的指导书，适合作为高等学校电子信息类专业本科生"信号与系统""数字信号处理"仿真课程的实验指导书，也可供信号与信息处理、通信与信息系统、控制科学与工程等专业的研究生、教师和科技工作者参考。

图书在版编目(CIP)数据

MATLAB 信号处理仿真实践/普园媛，柏正尧，赵征鹏编著. —北京：科学出版社，2021.9
（普通高等学校电子信息类一流本科专业建设系列教材）
ISBN 978-7-03-068587-2

Ⅰ.①M… Ⅱ.①普… ②柏… ③赵… Ⅲ.①数字信号处理-Matlab 软件-高等学校-教材 Ⅳ.①TN911.72

中国版本图书馆 CIP 数据核字(2021)第 063212 号

责任编辑：潘斯斯 张丽花 / 责任校对：王 瑞
责任印制：吴兆东 / 封面设计：迷底书装

科 学 出 版 社 出版
北京东黄城根北街 16 号
邮政编码：100717
http://www.sciencep.com
涿州市般润文化传播有限公司印刷
科学出版社发行 各地新华书店经销
*
2021 年 9 月第 一 版　开本：787×1092　1/16
2024 年 7 月第三次印刷　印张：15
字数：356 000

定价：59.00 元
（如有印装质量问题，我社负责调换）

前　　言

MATLAB 是一种用于数值计算、可视化及编程的高级语言和交互式环境。使用 MATLAB 可分析数据、开发算法、创建模型和应用程序。Simulink 是一种基于 MATLAB 框图设计环境的可视化仿真工具，可进行动态系统建模、仿真和分析，广泛用于信号处理、通信、控制等领域的系统建模和仿真。

作者在云南大学从事了十余年"信号与系统""数字信号处理""数字图像处理"等课程的教学工作，一直采用 MATLAB 软件平台开展实验教学仿真。

本书是作者在总结多年教学经验的基础上编写的 MATLAB/Simulink 编程及应用的信号处理仿真教程。全书共 6 章，各章内容简介如下。

第 1 章介绍 MATLAB 特殊数据类型、数据输入与分析、脚本文件与函数编写，以及信号处理工具箱和数字信号处理系统工具箱。

第 2 章介绍 Simulink 基本操作、Simulink 模块库和 Simulink 模型创建。

第 3 章介绍信号运算、信号产生、信号输入与输出、信号显示与保存的 MATLAB 及 Simulink 实现方法。

第 4 章介绍基于 fdesign 和 Filter Builder 的滤波器设计、滤波器分析、基于频域变换的滤波器设计、单速率滤波器和自适应滤波器设计方法。

第 5 章介绍 DCT、FFT 及其反变换和常用的频谱分析方法。

第 6 章举例介绍高分辨率频谱分析、采用高分辨率滤波器组的功率谱估计、基于卡尔曼滤波的雷达目标跟踪，估算飞机的位置和进行雷达跟踪。

本书第 1 章由赵征鹏副教授编写，第 2 章由柏正尧教授编写，第 3~6 章由普园媛教授编写。全书由普园媛教授统稿。在本书编写过程中，研究生阿曼、王志伟、孔凡敏、吕文锐和张恒参与文献整理、图表和文字校对、排版、程序调试等工作，对他们的工作表示感谢。

在本书编写过程中，作者参考了国内外专家和学者的论文、专著等文献，在此一并表示衷心感谢。

MATLAB/Simulink 是一个功能强大的动态系统仿真和可视化平台，应用范围非常广泛，尽管作者有着十余年的教学经验，但也仅仅使用了其中的一部分功能，书中难免存在不妥之处，恳请广大读者批评指正。

普园媛

2021 年 1 月于云南大学呈贡校区

目　　录

第1章 MATLAB 基础

1.1 MATLAB 简介

MATLAB 是美国 MathWorks 公司出品的商业数学软件，是用于算法开发、数据可视化、数据分析以及数值计算的高级计算语言和交互式环境，主要包括 MATLAB 和 Simulink 两大部分。MATLAB 对矩阵的处理能力很强，在工程计算方面应用广泛，而且与其他的编程语言(C、C++)的兼容性良好。MATLAB 可以给用户创造一个极其方便的使用环境。MATLAB 的语法规则不需要用户预先定义变量名和数组名，这就大大简化了使用的复杂度。只要用户具备简单的语言基础就可以很快地掌握使用方法。另外，MATLAB 语言具有短而精的特点，它自带的函数库里已经将复杂的数学模型的具体算法编成了现成可用的函数。用户只需要对算法的特点、使用环境、函数调用规则和参数意义有所熟悉就可以直接通过调用函数来快速地解决问题。

除此之外，MATLAB 强大的图形处理能力也使得这款软件被公认为世界上最好用的数学应用软件之一。它甚至可以生成快照并进行动画制作，这对于图像处理来说无疑是很重要的。MATLAB 自带多达几十个工具箱，这些工具箱实际上是一系列的 MATLAB 函数(即 M 文件)，在函数处理的时候可以直接调用这些 M 文件。在每次的版本升级中，这些函数库也会不断被补充完善和更新，使得其工具箱的功能越来越丰富。

1. MATLAB 的发展历程

20 世纪 70 年代，美国新墨西哥大学计算机科学系主任 Cleve Moler 为了减轻学生编程的负担，用 FORTRAN 编写了最早的 MATLAB。1984 年，Little、Moler 和 Steve Bangert 合作成立了 MathWorks 公司，正式把 MATLAB 推向市场。到 20 世纪 90 年代，MATLAB 已成为国际上认可度较高的科学计算软件。

2. MATLAB 的主要应用

MATLAB 的应用范围非常广，包括信号和图像处理、通信、控制系统设计、测试和测量、财务建模和分析以及计算生物学等众多应用领域，可以用来进行以下各种工作。

(1)线性代数。

(2)矩阵分析。

(3)数值及优化。

(4)数理统计和随机信号分析。

(5)电路与系统。

(6)系统动力学。

(7)信号和图像处理。

(8)控制理论分析和系统设计。

(9)过程控制、建模和仿真。

(10)通信系统和财政金融。

3. MATLAB 的主要特点

MATLAB 具备以下主要的特点。

(1)高效的数值计算及符号计算功能，能使用户从繁杂的数学运算分析中解脱出来。

(2)具有完备的图形处理功能，实现计算结果和编程的可视化。

(3)友好的用户界面及接近数学表达式的自然化语言，使学者易于学习和掌握。

(4)功能丰富的应用工具箱(如信号处理工具箱、通信工具箱等)，为用户提供了大量方便实用的处理工具。

1.2 特殊数据类型

MATLAB 支持的数据类型较多，除了常见的数值型、字符和字符串、日期和时间等数据类型外，还有结构体(Structures)、元胞数组(Cell Arrays)、表(Table)和时间表(Timetable)、类别数组(Categorical Arrays)、函数句柄(Function Handle)和时间序列(Time Series)等数据类型。其中，结构体、元胞数组、表和时间表是用于存储异构数据(Heterogeneous Data)的数据容器(Data Container)。

1.2.1 结构体

结构体是采用数据容器——字段(Fields)对相关的数据进行分组管理的一种数据类型。结构体由结构数组(Struct Array)构成，每个数组都是一个包含若干字段的 struct 类结构，因此，结构体也称为结构体数组(Structure Arrays)。每个字段可以包含任意类型的数据，包括标量数据或者非标量数据。一个结构体中的所有结构数组具有相同的字段名称和数目。不同结构体中相同名称的字段可以包含不同类型和规模的数据。

结构体中的数据可以采用点记号的形式读取，即结构体名.字段名(structName.field Name)。结构体的创建可以采用直接给字段赋值的方式，也可以先用函数 struct 创建空结构体，然后再增加字段并赋值，没有赋值的字段为空数组。

(1)直接赋值法产生结构体变量。

【例 1.1】 温室数据(包括温室名、容量、温度、湿度等)的创建与显示。

```
green_house.name='一号温室' ;          %创建温室名字段，并对该变量赋值
green_house.volume='2000立方米' ;      %创建温室容量字段，并对该变量赋值
%创建温室温度字段
green_house.parameter.temperature=[31.2 30.4 31.6 28.7 29.7 31.1 30.9 29.6];
%创建温室湿度字段
green_house.parameter.humidity=[62.1 59.5 57.7 61.5; 62.0 61.9 59.2 57.5];
```

运行结果:

① 显示变量 green_house 的值,在命令行输入

```
>> green_house
green_house=
```

包含以下字段的 struct:

```
name: '一号温室'
volume: '2000立方米'
parameter: [1×1 struct]
```

② 显示变量 green_house.parameter.temperature 的值,在命令行输入

```
>> green_house.parameter.temperature
ans=
  31.2000  30.4000  31.6000  28.7000  29.7000  31.1000  30.9000  29.6000
```

③ 显示变量 green_house.parameter.humidity 的值,在命令行输入

```
 >> green_house.parameter.humidity
ans=
  62.1000   59.5000   57.7000   61.5000
  62.0000   61.9000   59.2000   57.5000
```

说明:输出为结构体变量 green_house、green_house.parameter.temperature 以及 green_house.parameter.humidity 的值。这些变量值的显示可以在命令窗口里输入相应的变量名称并按“回车”键后看到。

(2)采用 struct 函数来创建结构体变量,该函数直接将字段名和字段值作为 struct 函数的参数。

【例 1.2】 利用 struct 函数来创建结构体变量 A,并利用该结构体变量存储同学的姓名、学号、性别和国籍。具体输入方法及创建结果如下所示。

```
A=struct('name','Dale','number','110211131','sex','male','nationality'
,'CHINA')
```

运行结果:

```
>> A
A=
```

包含以下字段的 struct:

```
name: 'Dale'
number: '110211131'
sex: 'male'
nationality: 'CHINA'
```

结构体中的数据有两种组织形式:一种是平面组织形式(Plane Organization),另一种是按元素或记录的组织形式(Element-by-element Organization)。采用哪种组织形式取决于如何读取数据,以及大数据集是否受到存储器的限制。平面组织形式容易读取每个字段的所有值,按元素的组织形式则容易获取每个元素或记录的所有信息。创建结构体时,MATLAB 将有关结构体的元素(记录)和字段信息存储在数组头文件(Array Header)中。在数据相同的情况下,元素和字段多的结构体比简单的结构体要求更多存储空间。

结构体的存储并不需要一个完全连续的存储空间，但每个字段要求连续的存储空间。

1.2.2 元胞数组

元胞数组是用元胞(cell)数据容器进行数据索引的一种数据类型，每个元胞可以包含任意类型的数据。元胞数组通常包含文本串列表，文本与数字组合，或不同大小的数字型数组。元胞引用采用圆括号()包含下标的方式实现，元胞内容的读取则采用大括号{}索引的方式。通过给元胞赋值可以增加新的元胞，采用给元胞赋值空数组的方式可以删除元胞，还可以整行或整列删除元胞。

元胞数组的创建可以采用大括号{}算子或采用 cell 函数实现。例如，可以使用例 1.3 和例 1.4 中的语句创建元胞数组 C。

【例 1.3】 本示例说明如何创建一个包含文本和数字数据的 2×3 元胞数组，并从元胞数组中读取数据。

```
%创建一个2×3的元胞数组
C={'one', 'two', 'three'; 1, 2, 3}
```

运行结果：

```
>> C
C=
  2×3 cell 数组
 {'one'}    {'two'}    {'three'}
 {[ 1]}    {[ 2]}    {[ 3]}
```

【例 1.4】 利用 cell 函数来创建元胞数组。

在命令窗口输入语句"a=cell(3,3)"，创建一个 3×3 的元胞数组，如下所示。

```
>> a=cell(3,3)
a=
  3×3 cell 数组
    {0×0 double}    {0×0 double}    {0×0 double}
    {0×0 double}    {0×0 double}    {0×0 double}
    {0×0 double}    {0×0 double}    {0×0 double}
```

说明：语句"a=cell(3,3)"创建了一个 3×3 的空元胞数组。

【例 1.5】 读取元胞数组中的数据。

(1)首先使用{}语句创建元胞数组，如下所示。

```
>> b={'abcd',[1,2,3,4];1234,'a'}
b=
  2×2 cell 数组
    {'abcd'}    {1×4 double}
    {[1234]}    {'a'    }
```

说明：语句"b={'abcd',[1,2,3,4];1234,'a'}"创建了一个如上所示的 2×2 元胞数组。

(2)读取上述元胞数组中的数据。在命令窗口输入"b{1,2}"将读取元胞数组 b={'abcd',[1,2,3,4];1234,'a'}第 1 行第 2 列数据，如下所示。

```
>> b{1,2}
ans=
     1    2    3    4
```

（3）读取上述元胞数组里面的详细数据。例如，在命令窗口输入语句"b{1,2}(1,2)"，结果如下所示。

```
>> b{1,2}(1,2)
ans=
     2
```

说明：语句"b{1,2}(1,2)"将读取 b={'abcd',[1,2,3,4];1234,'a'}中第二个元素中的第二个值。

元胞数组不需要完全连续的存储空间，但每个元胞需要连续的存储空间。存储空间预分配可以采用 cell 函数或给最后一个元胞分配空数组。例如，C=cell(25,50)与 C{25,50}=[ ]等效，MATLAB 将为一个 25×50 的元胞数组创建头文件。

1.2.3　表与时间表

表是适用于列向数据或表格数据的一种数据类型，在文本文件或电子表中以列的形式存储数据。表由行和列向变量组成，每个变量可以有不同的数据类型和规模，唯一的限制是每个变量的行数必须相同。表的索引可以用圆括号()或大括号{}，前者返回子表，后者可以提取表的内容，如数值数组。另外，还可以用名称引用变量和行。表的创建可以用函数 table 实现，也可以从文件直接创建表。

【例 1.6】　根据工作空间变量创建时间表，该变量包含时间、温度、压力、风速和方向测量值。创建时间表时，"时间"一栏中的值将成为时间表的行时间，所有其他工作区变量都将成为时间表变量。

```
%工作空间变量
Time=datetime({'2015-12-18 08:03:05';'2015-12-18 10:03:17';'2015-12-18
12:03:13'});
Temp=[37.3;39.1;42.3];                        %温度数据
Pressure=[30.1;30.03;29.9];                   %压力数据
WindSpeed=[13.4;6.5;7.3];                     %风速数据
WindDirection=categorical({'NW';'N';'NW'});   %风向数据
TT=timetable(Time,Temp,Pressure,WindSpeed,WindDirection)
```

运行结果：

```
TT=
  3×4 timetable
         Time          Temp    Pressure    WindSpeed    WindDirection
    _____    ____    _____    _____    _____

    2015-12-18 08:03:05   37.3     30.1        13.4            NW
    2015-12-18 10:03:17   39.1     30.03       6.5             N
    2015-12-18 12:03:13   42.3     29.9        7.3             NW
```

【例 1.7】　使用时间向量将普通的数据表格转换为时间表：假设变量 Reading1 和

Reading2 以矩阵的形式分别存储 5 台计算机读取两种数据时，在一定时间内所能读取完的字节数。变量 T 表示只显示 5 台计算机读取数据的表格，而 TT 表示将该表格加上时间向量后转换为时间表。

```
Reading1=[98;97.5;97.9;98.1;97.9];          %数据表
Reading2=[120;111;119;117;116];             %数据表
T=table(Reading1,Reading2);
Time=[seconds(1):seconds(1):seconds(5)];    %加入时间向量，创建时间表
TT=table2timetable(T,'RowTimes',Time);      %显示时间表
```

运行结果：

```
>> T=
  5×2 table
    Reading1      Reading2
    _____      _____

    98            120
    97.5          111
    97.9          119
    98.1          117
    97.9          116
>>TT=
  5×2 timetable
    Time      Reading1      Reading2
    ____      _____      _____

    1秒       98            120
    2秒       97.5          111
    3秒       97.9          119
    4秒       98.1          117
    5秒       97.9          116
```

说明：以上时间表说明第一台计算机在 1 秒内能读取 Reading1 和 Reading2 的平均字节数分别为 98 和 120；第二台计算机在 2 秒内能读取 Reading1 和 Reading2 的平均字节数分别为 97.5 和 111，其他依次类推。

1.2.4 类别数组

类别数组（Categorical）是用于存储一组离散类别值的数据类型。这些类别可以是具有自然顺序的，也可以是没有这种顺序。类别数组为非数值型数据提供了有效的存储方式和方便的处理手段，同时，这些值还保留有意义的名称。类别数组常用于一个表中对行进行分组。类别数组操作的部分函数见表 1.1。

表 1.1　类别数组操作的部分函数

函数名称	功能说明	函数名称	功能说明
categorical	创建类别数组	removecats	删除类别数组中的类别
iscategorical	确定输入是否为类别数组	renamecats	类别数组中类别改名
categories	显示类别数组的类别	reordercats	类别数组中的类别重排序

函数名称	功能说明	函数名称	功能说明
iscategory	检验是否为类别数组的类别	setcats	设置类别数组中的类别
isordinal	确定输入是否为有序类别数组	summary	显示类别数组的综合信息
isprotected	确定类别数组中的类别是否受保护	countcats	按类别统计类别数组元素出现的次数
addcats	类别数组增加类别	isundefined	找出类别数组中未定义的数组元素
mergecats	合并类别数组中的类别		

【例 1.8】　本示例说明如何将字符串数组转换为类别数组。

```
%使用 string 函数创建一个包含行星名称的字符串数组
str=string({'Earth','Jupiter','Neptune','Jupiter','Mars','Earth'})
planets=categorical(str) %将 str 转换为类别数组
```

运行结果：

```
str=
  1×6 string 数组
    "Earth"    "Jupiter"    "Neptune"    "Jupiter"    "Mars"    "Earth"
planets=
  1×6 categorical 数组
    Earth    Jupiter    Neptune    Jupiter    Mars    Earth
```

1.2.5　函数句柄

函数句柄是存储函数关联变量的一种数据类型。函数句柄是一个变量，多个句柄可以存储在一个数组里。利用函数句柄，可以构建命名或匿名函数，或指定回调函数，还可以将一个函数传递给另一个函数，或者从主函数外部调用局部函数。

函数句柄的创建非常简单，在函数名前用符号@即可。例如，若函数名称为 myfunction，要创建函数句柄 f，可以用如下语句：

```
f=@myfunction;
```

如果创建匿名函数句柄 h，则采用如下格式：

```
h=@(arglist)anonymous_function;
```

其中，arglist 为函数输入参数列表，参数之间用逗号分隔。

【例 1.9】　首先定义一个开方函数，再定义函数句柄，然后通过句柄调用函数。

```
function y=computeSqrt(x)        %定义计算开方的函数
y=sqrt(x);
end
h=@computeSqrt(x);               %定义函数句柄
a=9;
b=h(a);                          %通过句柄调用函数
```

【例 1.10】　匿名函数句柄实现

在命令窗口输入以下语句：

```
>>sum=@(x,y)x+y    %变量名=@(输入参数列表)运算表达式：两个数相加
```

```
sum=
包含以下值的 function_handle:
    @(x,y)x+y
>> sum(2,3)
ans=
    5
```

1.2.6 Map 容器

Map 是一种通过快捷键查找数据的结构类型,它提供灵活的手段以索引 Map 中的每个元素。MATLAB 的大多数数组数据结构都是通过整数索引查找数据,Map 的索引(称为键)可以是任何标量数值或字符矢量。Map 中存储键和对应的数值,两者是一一对应的。

Map 是一个 Map 类的对象,是由 MATLAB 的容器包定义的。Map 对象的创建方法如下:

```
%一个键对应一个值
mapObj=containers.Map({key1, key2, ...}, {val1, val2, ...});
```

如果键为字符向量,则需要用单引号:

```
mapObj=containers.Map({'keystr1', 'keystr2', ...}, {val1, val2, ...});
```

【例 1.11】 创建一个 Map 对象存储某个学校一周内的课程表(表 1.2)。

表 1.2 某学校课程表

时间	星期一	星期二	星期三	星期四	星期五
科目	数学	英语	历史	生物	地理

```
%创建schedule_map 对象
schedule_map=containers.Map({'Monday','Teusday','Wednesday','Thursday',
'Friday'},{'Math','English','History','Biology','Geography'})
```

运行结果:

```
schedule_map=
    Map-属性:
        Count: 5
    KeyType: char
    ValueType: char
```

说明:Count、KeyType、ValueType 为 Map 的属性。

1.2.7 时间序列

时间序列是在相同的时间间隔上,按指定的时间对数据进行采样得到的数据向量,与随机采样的数据不同,它表示一个动态过程随时间的演化。时间序列的线性时序在数据分析中具有与众不同的地位,分析方法也有其特殊性,主要涉及模式辨识、模式建模和数值预测。

采用函数 timeseries 可创建时间序列对象,格式如下:

```
%采用指定的质量quality和名称tsname创建空时间序列对象
ts=timeseries(data,time,quality,'Name',tsname);
```

data——时间序列数据,通常为样本数组。

time——时间向量。

quality——整数值向量,取值范围为–128~127,长度与时间向量一致。

tsname——时间序列对象名称。

例如:

```
%创建名为LaunchData的时间序列对象b,包含4个数据集,长度为5,采用默认时间向量
b=timeseries(rand(5, 4),'Name','LaunchData');
%创建时间序列对象b,包含1个数据集,长度为5,时间向量起点为1,终点为5
b=timeseries(rand(5,1),[1 2 3 4 5]);
%创建名为FinancialData的时间序列对象b,包含5个数据点,一个时间点
b=timeseries(rand(1,5),1,'Name','FinancialData');
```

时间序列操作的函数较多,部分函数及功能见表 1.3。

表 1.3　时间序列操作的部分函数及功能

函数名称	功能说明
addsample	时间序列对象增加数据样本
delsample	从时间序列对象删除样本
detrend	从时间序列对象减去均值,或最佳拟合线
filter	利用传递函数对时间序列对象进行滤波
getabstime	提取时间向量的日期字符串放入元胞数组
getdatasamples	通过数组索引提取时间序列的样本子集
getinterpmethod	获取时间序列对象的插值方法
getsampleusingtime	提取数据样本放入一个新的时间序列对象中
idealfilter	将理想的(非因果)滤波器用于时间序列对象
resample	采用新的时间向量对时间序列数据进行选择或采样
setabstime	设置时间序列对象的时间为日期字符串
setinterpmethod	设置时间序列对象的默认插值方法
setuniformtime	修改时间序列对象的均匀时间向量
synchronize	用相同的时间向量对两个时间序列对象进行同步和重采样

【例 1.12】　表 1.4 的数据是某商品在 2001~2006 年每一季度的销售额-时间序列,现用分段趋势方法对时间序列进行分解,并利用表 1.4 中的原始数据对该商品在 2001~2006 年每一季度的销售额进行估计,估计结果如图 1.1 所示。

表 1.4　商品销售额　　　　　　　　　　　　　　　（单位：元）

年份	第一季度	第二季度	第三季度	第四季度	年平均
2001	4078.66	3907.06	2828.46	4089.5	3725.92
2002	4339.61	4148.6	2916.45	4084.64	3872.325
2003	4242.42	3997.58	2881.01	4036.23	3789.31
2004	4360.33	4360.53	3172.18	4223.76	4029.2
2005	4690.48	4694.48	3342.35	4577.63	4326.235
2006	4965.46	5026.05	3470.14	4525.94	4496.898
季平均	4446.16	4355.717	3101.765	4256.283	—

代码如下：

```
clear all;close all;
%原始销售额数据
x_soure=[4078.66 3907.06 2828.46 4089.5;4339.61 4148.6 2916.45
4084.64;4242.42 3997.58 2881.01 4036.23;4360.33 4360.53 3172.18
4223.76;4690.48 4694.48 3342.35 4577.63;4965.46 5026.05 3470.14 4525.94];
%年平均趋势项数据
T_estimate=[3725.92 3725.92 3725.92 3725.92 ;3872.325 3872.325 3872.325
3872.325 ;3789.31 3789.31 3789.31 3789.31 ;4029.2 4029.2 4029.2
4029.2 ;4326.235 4326.235 4326.235 4326.235 ;4496.898 4496.898 4496.898
4496.898];
%季节项 s(k)的均值估计
for k=1:1:4
  sum=0;
  for j=1:1:6
    sum=sum+x_soure(j,k)-T_estimate(j,k);
  end
  s_estimate(k)=sum/6;
end
s_estimate      %调用函数 s_estimate(k) 并给出返回值
x=[4078.66 3907.06 2828.46 4089.5 4339.61 4148.6 2916.45 4084.64 4242.42
3997.58 2881.01 4036.23 4360.33 4360.53 3172.18 4223.76 4690.48 4694.48
3342.35 4577.63 4965.46 5026.05 3470.14 4525.94];
T=[3725.92 3725.92 3725.92 3725.92 3872.325 3872.325 3872.325 3872.325
3789.31 3789.31 3789.31 3789.31 4029.2 4029.2 4029.2 4029.2 4326.235
4326.235 4326.235 4326.235 4496.898 4496.898 4496.898 4496.898 ];
D=x-T;          %季节项的波动
%随机项的估计
for k=1:1:4
  s=s_estimate(k);
  for j=k:4:24
```

```
   D1=D(j);
   R(j)=D1-s;
  end
end
t=1:1:24;
plot(t,D,' ',t,R,'r-');
xlabel(' '),ylabel(' ');
title('季节项和随机项:红线为随机项');
plot(t,D,'k-','linewidth',2);
hold on;
plot(t,R,'r--','linewidth',2);
xlabel('时间序列 2001 年-2006 年(时间:年/季度)');     %给 X 轴加标签
ylabel('某商品销售额');                              %给 Y 轴加标签
legend('季节项','随机项','Location','NorthEast');
title('某商品 2001 年-2006 年每个季度销售额季节项与随机项变化曲线');
```

运行结果如下:

```
s_estimate=
 406.1787   315.7353  -938.2163   216.3020
```

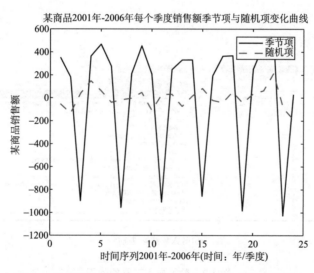

图 1.1　某商品在 2001～2006 年中每一季度的销售额估计

　　说明：s_estimate=406.1787　315.7353 −938.2163　216.3020 为该商品 2001～2006 年的季节平均估计值。

1.3　数据输入与分析

1.3.1　数据导入与导出

　　数据导入工具(Import Tool)可以交互式预览和导入电子表格、文本、图像、音频和视频等文件格式的数据，如图 1.2 所示。在 MATLAB 主窗口上的变量(Variable)区可找到"导入数据(Import Data)"按钮，单击该按钮进入数据文件夹，选择合适的文件类型和数据，即可导入数据进行分析。

(a)"导入数据"按钮

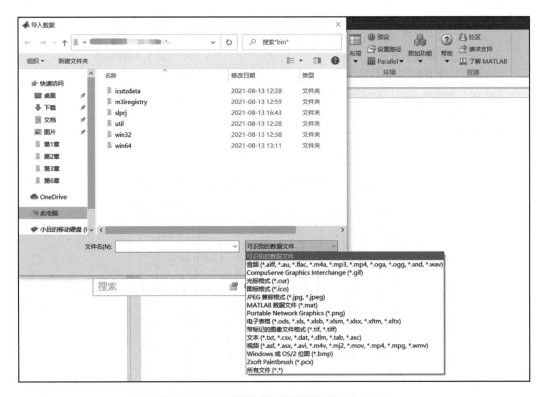

(b)导入数据类型选择

图 1.2　数据导入工具的使用

MATLAB 支持的标准数据格式包括文本文件(分隔文本和格式化文本)、电子表格(Microsoft Excel)、图像、科学数据文件(NetCDF、HDF5/4、FITS、Band-Interleaved、CDF)、音视频、XML文本等。此外，MATLAB 还支持工作空间变量的编辑、浏览、保存(save)和加载(load)等。底层二进制文件读写(fread、fwrite)是通过 TCP/IP 接口、Web 服务、E-mail、FTP 和串口设备等方式读写数据。

1.3.2　大文件与大数据

MATLAB 支持对文件集和大数据集的访问与处理。数据商店(Datastore)可以存储那些太大而无法放入存储器的数据集，它允许将存储在磁盘上、远程位置或数据库中的多个文件作为一个整体进行读取和处理。创建数据商店的函数包括 Datastore、TabularTextDatastore、SpreadsheetDatastore、ImageDatastore、FileDatastore，从数据商店读取数据可以用函数 read 或 readall。

高数组(Tall Arrays)提供了一种处理数据商店中行数多达几百万甚至几十亿数据的方法，用函数 tall 创建。高数组可以是数值数组、Cell 数组、字符串、日期时间等。

MapReduce 是一种处理大数据集的编程方法，包括 Map 和 Reduce 两个阶段，用函数 MapReduce 实现。另外，用 matfile 函数可以直接对 MATLAB 的 MAT 文件进行访问和修改，而不需要将文件读入内存中。matfile 函数可创建大于 2GB 的文件，采用内存映射(Memory-mapping)机制可以提高访问大数据的速度，它将磁盘上的文件或文件的一部分映射到应用空间一定范围的地址。

1.3.3　数据预处理

数据集要求预处理方法要精确、有效、分析有意义。数据预处理包括数据清洗(Cleaning)、平滑(Smoothing)和分组(Grouping)。数据清洗是指发现、去除和替换坏的数据或缺失的数据；平滑是指去除数据中的噪声；分组是指识别数据变量间的关系。另外，尺度伸缩(Scaling)和去趋势(Detrending)也属于数据预处理。MATLAB 用于数据预处理的函数见表 1.5。

表 1.5　常用的数据预处理函数

预处理类型	函数名称	功能说明
缺失数据和异常值处理函数	ismissing	找出缺失数据值
	rmmissing	删除缺失项
	fillmissing	填充缺失值
	missing	创建缺失值
	standardizeMissing	插入标准缺失值
	isoutlier	找出数据中的离群值
	filloutliers	检测并替换数据中的离群值
变化点和局部极值检测	ischange	找出数据中的突变点
	islocalmin	找出数据中的局部最小值
	islocalmax	找出数据中的局部最大值
数据平滑尺度伸缩和去趋势	smoothdata	平滑数据中的噪声
	movmean	计算滑动平均值

续表

预处理类型	函数名称	功能说明
数据平滑尺度 伸缩和去趋势	movmedian	计算滑动中值
	rescale	改变数组元素值的范围
	detrend	去除数据中的线性趋势
数据分组与合并	discretize	数据分组、分类或装箱
	histcounts	直方图直条数统计
	histcounts2	双变量直方图直条数统计
	findgroups	找出数据组，返回组号
	splitapply	数据分离为组并用于函数
	rowfun	函数用于表或时间表的行
	varfun	函数用于表或时间表的变量
	accumarray	用累加方式创建数组

1.3.4　数据统计

数据统计是找出数据的取值范围、中心趋势、标准偏差、方差和相关等统计量的过程，这些统计量可以分为基本统计量、累积统计量和滑动统计量，MATLAB 统计量计算函数见表 1.6。

表 1.6　常用的统计函数

统计量分类	函数名称	功能说明
基本统计量	min	找到数组中的最小元素值
	mink	找到数组中前 k 个最小元素值
	max	找到数组中的最大元素值
	maxk	找到数组中的前 k 个最大元素值
	bounds	找到最大和最小元素值
	mean	计算数组元素的平均值
	median	找到数组元素的中值
	mode	找到数组中出现频数最大的元素值
	std	计算数组元素的标准偏差
	var	计算方差
	corrcoef	计算相关系数
	cov	计算协方差

续表

统计量分类	函数名称	功能说明
累积统计量	cummax	计算累积最大值
	cummin	计算累积最小值
滑动统计量	movmad	计算滑动绝对偏差中值(MAD)
	movmax	计算滑动最大值
	movmean	计算滑动均值
	movmedian	计算滑动中值
	movmin	计算滑动最小值
	movprod	计算滑动乘积
	movstd	计算滑动标准偏差
	movsum	计算滑动求和
	movvar	计算滑动方差

1.3.5 数据可视化

可视化探索利用图形全景显示、缩放、旋转，来进行修改和保存图形观测结果。数据可视化和图形工具的功能包括创建归纳可视化图形，如直方图或散点图等。通过全景显示、缩放或旋转调整图形的视角，突出显示和编辑图形上的观测结果，描述图形上的观测结果，连接数据图形和变量。MATLAB 可绘制图形包括标准图形、定制图形和高级图形，用于绘制数据图形的函数见表 1.7。

【例 1.13】 在 $0 \leqslant x \leqslant 2\pi$ 区间内，绘制曲线 $y_1 = 2e^{-0.5x}$ 和 $y_2 = \cos(4\pi x)$，并给图形添加标注，仿真结果如图 1.3 所示。

```
x=0:pi/100:2*pi;              %定义自变量x的取值范围
y1=2*exp(-0.5*x);             %定义函数y1
y2=cos(4*pi*x);              %定义函数y2
plot(x,y1,'r--',x,y2);
title('x from 0 to 2{\pi}');   %添加标题
xlabel('Variable X');
ylabel('Variable Y');
text(0.8,1.5,'曲线y1=2e^{-0.5x}');
text(2.5,1.1,'曲线y2=cos(4{\pi}x)');
legend('y1','y2');
```

表 1.7 绘制数据图形的常用函数

线图	饼图、条形图和直方图	离散数据图	极坐标图	轮廓图	矢量场	表面和网线图		立体可视化	动画	图像
plot	area	stairs	polarplot	contour	quiver	surf	mesh	streamline	animat-edline	image
plot3	pie	stem	polarhis-togram	contourf	quiver3	surfc	meshc	streamslice	comet	imagesc
semilogx	pie3	stem3	polarscatter	contour3	feather	surfl	meshz	stream-particles	comet3	image
semilogy	bar	scatter	compass	contourslice		ribbon	waterfall	stream-ribbon		imagesc
loglog	barh	scatter3	ezpolar	fcontour		pcolor	fmesh	streamtube		
errorbar	bar3	spy				fsurf		coneplot		
fplot	bar3h	plotmatrix				fimplicit3		slice		
fplot3	histogram	heatmap								
fimplicit	histogram2									
	pareto									

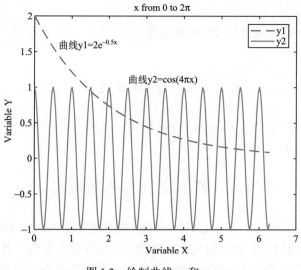

图 1.3　绘制曲线 y_1 和 y_2

【例 1.14】　创建数据的流线图。绘制沿线条 $y = 1$ 上的不同点开始的流线图，仿真结果如图 1.4 所示。

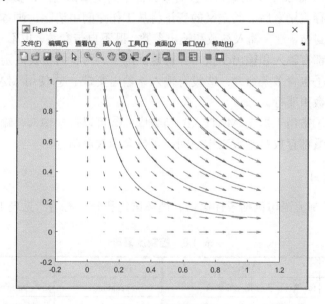

图 1.4　流线图绘制

```
% 定义数组 x、y、u 和 v。
[x,y] = meshgrid(0:0.1:1,0:0.1:1);
u = x;
v = -y;
figure
%quiver()函数matlab中绘制二维矢量场的函数，使用该函数可以将矢量用二维箭头绘制
%出来
```

```
quiver(x,y,u,v)
%startx 和 starty 定义流线图的起始位置
startx = 0.1:0.1:1;
starty = ones(size(startx));
%streamline(U,V,startx,starty) 假定数组 X 和 Y 定义为 [x,y] = meshgrid
(1:N,1:M),其中
%[M,N] = size(U)。[x,y] = meshgrid(1:N,1:M)
streamline(x,y,u,v,startx,starty)
```

1.4　脚本文件与函数编写

M 文件可分为脚本文件(MATLAB Scripts)和函数文件(MATLAB Functions)。脚本文件是包含多条 MATLAB 命令的文件；函数文件包含输入变量，并把结果传送给输出变量。脚本文件可以理解为简单的 M 文件，其中的变量都是全局变量。函数文件是在脚本文件的基础之上多添加了一行函数定义行，其代码组织结构和调用方式与对应的脚本文件截然不同。函数文件是以函数声明行"function..."开始的，其实质就是用户往MATLAB 函数库中添加了子函数，并且函数文件中的变量都是局部变量，除非使用了特别声明。函数运行完毕之后，其定义的变量将从工作空间中清除。脚本文件是将一系列相关的代码结合封装，没有输入参数和输出参数，既不自带参数，也不一定要返回结果；而函数文件一般都有输入和输出变量，并有返回结果。两者的主要区别如下。

脚本文件：①包含多条命令；②没有输入、输出变量；③使用 MATLAB 基本工作空间；④没有函数声明行。

函数文件：①常用于扩充 MATLAB 函数库；②可以包含输入、输出变量；③运算中生成的所有变量都存放在函数工作空间；④包含函数声明行。

1.4.1　控制流语句

MATLAB 控制流语句包括条件语句、循环语句和分支语句，见表 1.8。

表 1.8　控制流语句

控制流语句	功能说明	控制流语句	功能说明
for	for 循环，执行指定的次数	continue	进入 for 或 while 循环下一次迭代
switch,case, otherwise	执行几组语句中的一组语句	end	代码块结束
try, catch	执行语句，并进行错误处理	pause	暂停执行 MATLAB 语句
while	条件成立时 while 循环重复执行	return	返回触发控制的函数
break	终止执行 for 或 while 循环		

1.4.2　脚本文件

脚本是一种最简单的程序文件，它没有输入参数或输出参数，可以自动重复执行一系列的 MATLAB 命令，完成计算任务。可以采用以下三种方式创建脚本文件。

（1）从命令历史（Command History）窗口选中命令，右击鼠标，选择"创建脚本（Create Script）"选项。

（2）在 MATLAB 主窗口，单击 New Script 按钮，启动脚本编辑器。

（3）用 edit 函数创建，即 edit+文件名。

图 1.5 给出了用脚本编辑器编辑例 1.14 中的代码。

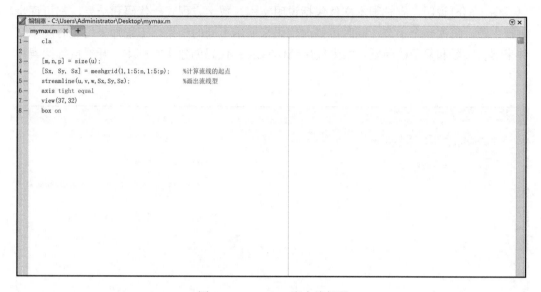

图 1.5　MATLAB 脚本编辑器

1.4.3　实时脚本文件

MATLAB 实时脚本是一个交互式的文档，它将 MATLAB 代码、嵌入式输出、格式化文本、超链接、方程和图像等组合在实时编辑器（Live Editor）环境中。实时脚本文件存储格式后缀为.mlx。只有 MATLAB 2016a 及其更新的版本支持实时脚本文件编辑和运行。采用以下三种方式可创建实时文本。

（1）在 MATLAB 主窗口单击 New Live Script 按钮，启动实时脚本编辑器。

（2）从命令历史（Command History）窗口选中命令，右击鼠标，选择"创建实时脚本（Create Live Script）"选项。

（3）采用 edit 函数创建，即 edit+文件名（后缀名为.mlx）。实时脚本编辑器对计算机的磁盘空间和内存空间有较高的要求，不支持配置较低的计算机系统。

采用实时脚本文件，能用可视化方式探索和分析问题，共享丰富的格式化文本，进行交互式教学，如图 1.6 所示。

图 1.6（a）说明，在单一环境中工作并消除上下文切换，结果和可视化内容就显示在生成它们的代码旁边。将代码划分为可管理的区段，然后独立运行每个区段。MATLAB 通过有关参数、文件名等内容的上下文提示来帮助用户编码。用户可以使用交互式工具

来绘制图形，以及添加格式和注释。

图 1.6(b) 说明，利用格式、图像和超链接来增强代码和输出，从而将用户的实时脚本变成案例。要描述分析中使用的数学过程或方法，可以使用交互式编辑器插入方程式，或使用 LaTeX 创建方程式向脚本添加任何语言的文本，然后可以直接与他人分享自己的实时脚本，以便他们可以复制或扩展工作，或者创建用于发布的静态 PDF 或 HTML 文档。

图 1.6(c) 说明，实时脚本文件包括说明文本、数学方程式、代码和结果，都可逐步讲授主题，每次一个小节，同时可修改代码来展示不同的结果。工程师采用实时脚本文件来解决实际和复杂的问题，学生使用 MATLAB 代码创建实时脚本，开展自行探索和学习。

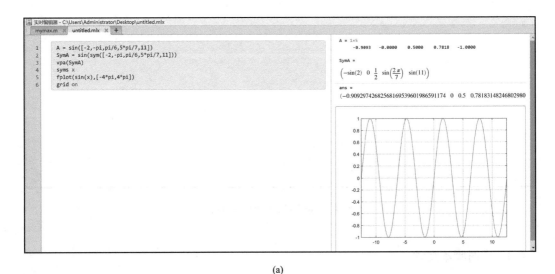

(a)

(b)

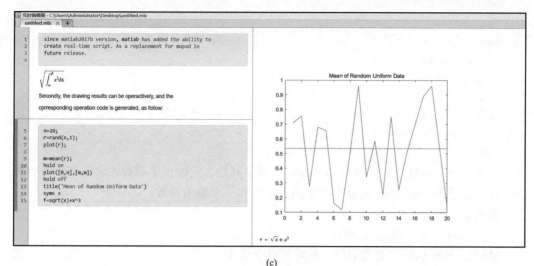

(c)

图 1.6　实时脚本编辑器示例

1.4.4　函数文件

函数与脚本一样都是 MATLAB 程序文件，但函数使用更灵活、方便，函数可以接收输入参数，返回输出参数。MATLAB 支持的函数类型包括局部函数(Local Functions)、嵌套函数(Nested Functions)、私有函数(Private Functions)和匿名函数(Anonymous Functions)。用关键字 function 定义函数时需要声明函数名称，输入参数和输出参数可选。函数体可包含有效的 MATLAB 表达式、控制流语句、嵌套函数、空白行、注释等。函数定义以 end 语句结束。函数里的变量存储在函数专用的工作空间(Workspace)里，与基本的工作空间是分开的。

一个 MATLAB 程序文件可以包含多个函数，其中第一个函数称为主函数(Main Function)，其余的函数称为局部函数。主函数对其他文件里的函数是可见的，或者可以从命令行调用它，主函数的名称也就是 MATLAB 程序文件的名称。局部函数可以出现在主函数之后的任何位置，只对同一个程序文件里的其他函数可见或只在同一个程序文件里被调用，相当于其他编程语言里的子程序，因此有时也称为子函数(Subfunction)。

【例 1.15】　下面的函数名为 mymax，文件名为 mymax.m(函数名和文件名必须相同)。它需要五个数字作为参数并返回最大的数字。

创建函数文件，名为 mymax.m，并输入下面的代码：

```
%此函数计算输入五个数字中的最大值
function max=mymax(n1, n2, n3, n4, n5)
max=n1;
if(n2 > max)
  max=n2;
end
if(n3 > max)
```

```
    max=n3;
end
if(n4 > max)
    max=n4;
end
if(n5 > max)
    max=n5;
end
```

说明：一个函数的第一行以 function 关键字开始。它给出了函数的名称和参数的顺序。在此例子中，mymax 函数有 5 个输入参数和一个输出参数。

调用该函数的语句为：

```
mymax(34, 78, 89, 23, 11)
```

MATLAB 将执行上面的语句，并返回以下结果：

```
ans=
    89
```

匿名函数是一类特殊的函数，不需要存储在程序文件中，它与数据类型函数句柄(Function Handle)相关联。与标准的函数一样，匿名函数可以接收输入参数，返回输出参数，但是匿名函数只能包含一条语句。匿名函数用关键字@定义，例如：

```
sqr=@(x)x.^2;            %定义匿名函数sqr，计算x的平方，其数据类型为函数句柄。
```

匿名函数的调用方式与标准函数类似，例如：

```
a=sqr(5);                %计算5的平方
```

嵌套函数是完全包含在父函数中的一类函数，也就是函数中的函数。嵌套函数与父函数可共享变量，修改变量的值。例如：

```
function parent          %定义父函数parent
disp('This is the parent function')
nestedfx
  function nestedfx      %在父函数parent里嵌套定义函数nestedfx
    disp('This is the nested function')
  end
end
```

私有函数可以限制函数的作用范围，将函数文件存储在一个名为 private 的子文件夹里，就可以将其指定为私有函数。

1.5　信号处理工具箱

信号处理工具箱(Signal Processing Toolbox)中提供了许多功能和应用程序，用于从均匀和非均匀采样的信号中分析、预处理和提取信号的特征。该工具箱包括用于滤波器设计、分析、重采样、平滑、去趋势化和功率谱估计的信号处理工具。该工具箱还提供了以下功能：提取如变化点和包络之类的特征、查找峰值和信号模式、量化信号相似性以及诸如 SNR 和失真测量等方法，还可以进行振动信号的模态和阶次分析。使用 Signal

Analyzer App，可以在时域、频域和时频域中同时预处理和分析多个信号，而无须编写代码。

1.5.1　常用信号的产生

信号处理工具箱提供了很多常用信号的产生方法，如表 1.9 所示，直接调用这些特定函数就可以产生一些常用信号。

表 1.9　Waveform Generation 函数列表

函数名称	功能说明	函数名称	功能说明
chirp	扫频余弦信号	sin	正弦函数
diric	Dirichlet（周期 sinc）函数	stem	绘制离散时间序列
gauspuls	高斯正弦射频脉冲	buffer	信号向量到矩阵形式数据帧的缓冲器
gmonopuls	高斯单脉冲	demod	通信仿真解调
pulstran	脉冲序列	modulate	通信仿真调制
rectpuls	非周期矩形采样信号	seqperiod	查找向量中长度最小的重复序列
sawtooth	锯齿波	shiftdata（unshiftdata）	将数据移动到指定的维数上操作（反操作）
sinc	sinc 函数（辛克函数）	strips	带状图
square	方波	udecode	将整数解码得到浮点数
tripuls	非周期三角波采样信号	uencode	将浮点数均匀量化并编码得到整数输出
vco	压控振荡器	marcumq	广义 Marcum Q 函数
randn	正态分布随机数		

1. 离散时间序列与正弦信号

以函数 stem 和 sin 为例介绍离散时间序列和正弦函数的产生。

stem 用于绘制离散序列，它的使用语法如下。

（1）stem(Y)；

将序列 Y 绘制为从基线沿 x 轴延伸的茎状图，数据值由终止每个茎状图的圆圈表示。

如果 Y 是一个向量，那么 x 轴数值范围是 1～length(Y)；

如果 Y 是一个矩阵，那么茎状图会根据同一 x 值绘制一行中的所有元素，并且 x 轴数值范围是 1～Y 中的行数。

（2）stem(X,Y)；

表示在 X 指定的位置绘制数据序列 Y。X 和 Y 必须是大小相同的向量或矩阵。此外，X 可以是行向量或列向量，Y 必须是具有 length(X) 行的矩阵。

如果 X 和 Y 都是向量，那么 Y 中的元素对应于 X 中的对应元素；

如果 X 是一个向量，Y 是一个矩阵，那么茎状图针对 X 指定的一组值绘制 Y 的每一列，而针对同一值绘制 Y 行中的所有元素；

如果 X 和 Y 都是矩阵，那么用 Y 的列和 X 的对应列作图。

sin(x)函数是可直接调用的，功能是绘制正弦函数，即正弦信号。

【**例 1.16**】 产生数值在 0～1.5 之间且随时间递增的离散时间序列和周期为 2π 的正弦信号，仿真结果如图 1.7 所示。

```matlab
set(0,'defaultfigurecolor','w');        %设置画布背景为白色
figure;
%离散时间序列
%产生幅度值为0～1.5之间的15个数据值
Y=linspace(0,1.5,15);
stem(Y);
hold on;
%正弦信号
x=0:0.01:5*pi;
plot(x,sin(x));
xlim([0 5*pi]);                         %设置x轴的范围为0～5*pi
%设置x轴的刻度范围和间隔
set(gca,'XTick',[0:pi:5*pi]);
%当前图形(gca)的x轴坐标刻度标志为：0, pi, 2pi, 3pi, 4pi, 5pi
set(gca,'xtickLabel',{'0','pi','2pi','3pi','4pi','5pi'});
title('离散时间序列与正弦信号');
```

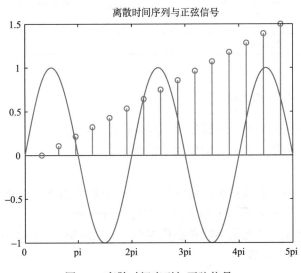

图 1.7　离散时间序列与正弦信号

2. 常用周期信号

以函数 sawtooth 和 square 为例，介绍常用周期信号锯齿波和方波的产生。

sawtooth 函数的使用语法如下。

（1）x=sawtooth(t)；

表示为时间数组 t 中的元素生成周期为 2π、具有 -1 和 1 峰值的锯齿波。该锯齿波被

定义为–1 在 2π 的倍数处，并随时间线性增加，在其他所有时间都以 $1/\pi$ 的斜率增加。

　　（2）x=sawtooth（t,xmax）；

　　表示生成一个修改后的三角波，在每个周期内最大位置受 xmax 控制。若将 xmax 设置为 0.5 则生成标准三角波。

　　square 函数的使用语法如下。

　　（1）x=square（t）；

　　表示为时间数组 t 中的元素生成一个周期为 2π、值为–1 和 1 的方波。

　　（2）x=square（t,duty）；

　　表示生成具有指定占空比的方波，占空比是方波为正的信号占整个周期的百分比，由 duty 参数设置。

　　【例 1.17】　分别绘制一个锯齿波和一个方波，其中锯齿波包含 10 个周期，基频为 50Hz，采样率为 1kHz；方波包含 4 个周期，振幅为 1.15，仿真结果如图 1.8 和图 1.9 所示。

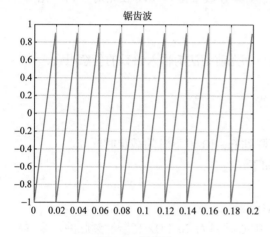

图 1.8　锯齿波

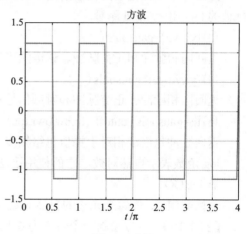

图 1.9　方波

```
set(0,'defaultfigurecolor','w');
figure(1);
%绘制锯齿波
T=10*(1/50);
fs=1000;
t=0:1/fs:T-1/fs;
x=sawtooth(2*pi*50*t);
plot(t,x);
grid on;
title('锯齿波');
%绘制方波
figure(2);
t=linspace(0,4*pi,121);
x=1.15*square(2*t);
```

```
plot(t/pi,x,'.-');
xlabel('t / \pi');
grid on;
title('方波');
```

3. 常用非周期信号

以函数 gauspuls 和 log 为例,介绍常用非周期信号高斯正弦脉冲和对数函数的产生。

gauspuls 函数的使用语法如下。

(1) yi=gauspuls(t,fc,bw);

返回一个单位振幅的高斯调制的正弦射频脉冲,中心频率为 fc,单位为 Hz,分数带宽为 bw。

(2) yi=gauspuls(t,fc,bw,bwr);

返回一个单位幅值同相位的高斯射频脉冲,其分数带宽为 bw,在相对于归一化信号峰值的 bwr dB 水平处测量。

(3) [yi, yq]=gauspuls(___);

返回同相脉冲和正交脉冲。该语法可以包括先前语法的输入参数的任意组合。

(4) [yi,yq,ye]=gauspuls(___);

返回同相脉冲、正交脉冲和射频信号包络。

(5) tc=gauspuls('cutoff',fc,bw,bwr,tpe);

返回脉冲包络线相对于峰值包络幅度下降到 tpe dB 以下时的截止时间 tc。

log 函数表示自然对数,它的使用语法如下。

Y=log(X);

返回数组 X 中每个元素的自然对数 ln(x)。

【**例 1.18**】 (1)绘制一个带宽为 60%,中心频率为 50 kHz 高斯射频脉冲,采样频率为 10 MHz。在包络线比峰值下降 40 dB 处截断脉冲,并画出其正交脉冲和射频信号包络线。(2)画出底数分别为 2 和 3 的对数函数,如图 1.10 和图 1.11 所示。

```
set(0,'defaultfigurecolor','w');
%高斯正弦脉冲:
figure(1);
%返回包络线比峰值下降40dB时的截止时间
tc=gauspuls('cutoff',50e3,0.6,[],-40);
t=-tc : 1e-7 : tc;
%返回同相脉冲yi、正交脉冲yq和信号的包络ye
[yi,yq,ye]=gauspuls(t,50e3,0.6);
plot(t,yi,'r-',t,yq,'b--');
hold on;
plot(t,ye,'g-','LineWidth',2);
legend('Inphase','Quadrature','Envelope');
title('高斯正弦脉冲');
```

```
%对数函数:
figure(2);
x=[0.01:0.0001:10];
%log可用的底数有2、10，其他的数不可以
%比如求以2为底1000的对数可以表示为log2（1000）
plot(x,log2(x),'b-');
hold on;
%求以3为底的对数，需要使用换底公式
%如：log3(x)=loge(x)/loge3，在MATLAB中loge用log表示
plot(x,log(x)/log(3),'r--');
legend('log2(x)','log3(x)');
title('对数函数');
```

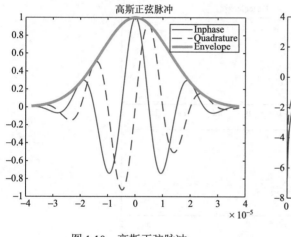

图 1.10   高斯正弦脉冲

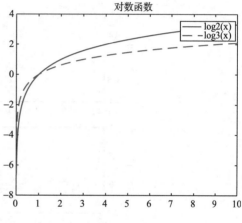

图 1.11   对数函数

4. Dirichlet 函数

以函数 diric 为例介绍 Dirichlet 函数的产生。

周期 sinc 函数在 MATLAB 中用 diric 函数实现，又称为 Dirichlet 函数。Dirichlet 函数的定义为 $d(x)=\sin(N*x/2)./(N*\sin(x/2))$。

diric() 函数的使用语法如下。

Y=diric(X,N);

返回一个维度与 X 相同的矩阵，其元素为 Dirichlet 函数的值。需要注意的是，N 必须是正整数，即函数将 $0\sim2\pi$ 的区间等间隔地分成 N 份。

【例 1.19】   计算并绘制在 $-2\pi\sim2\pi$ 的 Dirichlet 函数，其中，N 的取值分别为 10 和 15。对于奇数 N，函数的周期为 2π；对于偶数 N，函数的周期为 4π，如图 1.12 所示。

```
set(0,'defaultfigurecolor','w');
%Dirichlet函数
figure(1);
```

```
x=linspace(-2*pi,2*pi,301);
d1=diric(x,10);
d2=diric(x,15);

subplot(2,1,1);
plot(x/pi,d1);
ylabel('N=10');
title(' Dirichlet函数');
subplot(2,1,2);
plot(x/pi,d2);
ylabel('N=15');
xlabel('x / \pi');
```

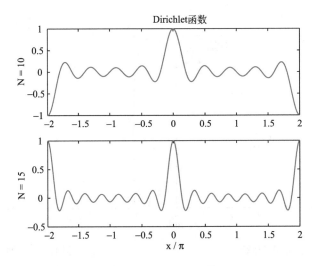

图 1.12　Dirichlet 函数

1.5.2　信号的预处理

对于信号的预处理，信号处理工具箱提供了许多可以使用的功能函数。表 1.10 是信号预处理函数以及功能介绍。

表 1.10　信号预处理函数列表

函数名称	功能说明	函数名称	功能说明
detrend	去除多项式趋势	movmad	移动中值绝对差
filloutliers	检测、替换数据中的异常值	movmedian	移动中值
hampel	使用 hampel 标识符移除异常值	sgolay	Savitzky-Golay 滤波器设计
isoutlier	查找数据中的异常值	sgolayfilt	Savitzky-Golay 滤波
medfilt1	一维中值滤波	smoothdata	平滑数据中的噪声

以函数 smoothdata 为例介绍滑动平均滤波的具体实现。

smoothdata 函数的使用语法如下。

（1）B=smoothdata（A）；

使用一个固定的窗口长度，直观地返回一个向量元素的移动平均值。窗口沿向量向下滑动，计算每个窗口内元素的平均值。

如果 A 是一个矩阵，则平滑数据计算每一列的移动平均值；

如果 A 是一个多维数组，则平滑数据将沿着其大小不等于 1 的第一个维度进行操作；

如果 A 是一个带有数值变量的表，那么 smoothdata 将分别对每个变量进行操作。

（2）B=smoothdata（A,dim）；

沿 A 的维数 dim 运算。例如，如果 A 是一个矩阵，则 smoothdata（A,2）对 A 的每一行数据进行平滑处理。

（3）B=smoothdata（__,method）；

method 指定某种平滑方法。例如，B=smoothdata（A,'sgolay'）使用 Savitzky-Golay 滤波器对 A 中的数据进行平滑处理。

（4）B=smoothdata（__,method, window）；

指定平滑方法和使用窗口的长度。例如，smoothdata（A,'movmedian',5）通过获取 5 个元素滑动窗口的中值来平滑 A 中的数据。

【例 1.20】　使用高斯加权滑动平均滤波器平滑噪声数据，如图 1.13 所示。

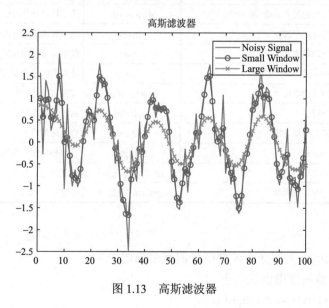

图 1.13　高斯滤波器

```
set(0,'defaultfigurecolor','w');
x=1:100;
A=cos(2*pi*0.05*x+2*pi*rand)+ 0.5*randn(1,100);    %加噪信号
plot(x,A);                                          %绘制加噪信号
hold on;
[B, window]=smoothdata(A,'gaussian');
```

```
window;

C=smoothdata(A,'gaussian',20);
plot(x,B,'-o',x,C,'-x');
legend('Noisy Signal','Small Window','Large Window');
title('高斯滤波器');
```

1.5.3 信号测量和特征提取

信号测量和特征提取包括统计量的描述、脉冲和转换度量、谱测量三个部分。在信号处理工具箱中也有许多函数可以调用。下面将分别介绍这三个部分中的函数并选取一些示例具体分析这些函数的使用方法。

1. 统计量的描述

统计量的描述函数如表 1.11 所示。

表 1.11 统计量的描述函数列表

函数名称	功能说明	函数名称	功能说明
cummax(cummin)	累积最大值(最小值)	std	标准差
envelope	信号包络	var	方差
max(min)	数组的最大元素(最小元素)	alignsignals	通过延迟最早的信号来对齐两个信号
mean	数组的平均值	cusum	使用累计和检测最小均值偏移量
meanfreq	平均频率	dtw	使用动态时间规整计算信号之间的距离
medfreq	中位数频率	edr	计算实信号的编辑距离
median	数组的中值	findchangepts	查找信号的突变
peak2peak	峰峰值	finddelay	估计信号之间的延迟
peak2rms	峰值与均方根之比	findpeak	查找局部最大值
rms	均方根	findsignal	使用相似性搜索找到信号位置
rssq	均方根的总和	labeledSignalSet	创建标记信号集
seqperiod	计算序列周期	signalLabelDefinition	创建信号标签定义

1) 信号包络

以函数 envelope 为例介绍调制信号的包络描述。

envelope 函数的使用语法如下。

(1) [yupper,ylower]=envelope(x);

返回输入序列 x 的上下包络,作为其分析信号的大小。通过使用希尔伯特(Hilbert)变换实现的离散傅里叶变换来找到 x 的分析信号,该函数最初会去除 x 的均值,计算出包络后再将其加回去。如果 x 是矩阵,则包络在 x 的每一列上是独立计算的。

(2) [yupper,ylower]=envelope(x,fl,'analytic');

返回使用其解析信号的大小确定的 x 的包络。通过使用长度为 fl 的希尔伯特 FIR 滤波器对 x 进行滤波来计算其解析信号。

（3）[yupper,ylower]=envelope(x,wl,'rms')；

返回 x 的上下均方根包络。通过使用长度为 wl 个样本的滑动窗口确定其包络。

（4）[upper,lower]=envelope(x,np,'peak')；

返回 x 的上下峰值包络，通过使用样条插值法在至少被 np 个样本分隔的局部最大值上确定其包络。

【例 1.21】　生成由高斯函数调制的二次调制信号，指定采样速率为 2kHz，信号持续时间为 2 秒，并绘制出此调制信号的上下包络，如图 1.14 所示。

```
set(0,'defaultfigurecolor','w');
t=0:1/2000:2-1/2000;
%生成由高斯调制的二次线性调制信号。指定2kHz的采样率和2秒的信号持续时间
q=chirp(t-2,4,1/2,6,'quadratic',100,'convex').*exp(-4*(t-1).^2);
plot(t,q);
%使用分析信号计算调制信号的上下包络
[up,lo]=envelope(q);          %up为信号的上包络，lo为信号的下包络
hold on;
plot(t,up,'--',t,lo,':','linewidth',1.5);
legend('Signal','Upper envelope','Lower envelope');
hold off;
title('Chrip信号的包络');
```

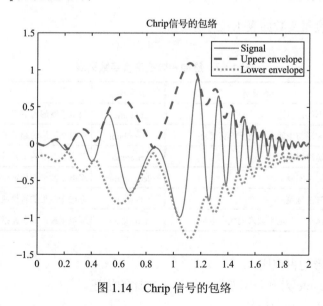

图 1.14　Chrip 信号的包络

2）序列周期

以函数 seqperiod 为例介绍如何计算序列的周期。

seqperiod 函数的使用语法如下。

p=seqperiod(x)；

返回与向量 x 中的序列周期相对应的整数 p。周期 p 由 x 的子序列 x(1:p) 的最小长度确定,且该子序列在 x 中每隔 p 个样本连续重复一次。x 的长度可以不是 p 的倍数,因此在 x 的末尾允许不完整的重复。

如果序列 x 不是周期性的,那么 p=length(x);

如果 x 是一个矩阵,那么 seqperiod 检查 x 的每一列的周期性,得到的输出 p 是一个列数与 x 相同的行向量;

如果 x 是一个多维数组,那么 seqperiod 检查 x 的第一个非单元素维度的周期性。

①p 是一个多维整数数组,它有一个主单元素维数。

②p 的其余维度的长度对应于第一个非单元素维度之后的 x 维度的长度。

【例 1.22】 生成一个多通道信号,并确定信号在每个通道的周期。

```
x=[4 0 1 6;
   2 0 2 7;
   4 0 1 5;
   2 0 5 6];
p=seqperiod(x);
```

计算结果:

```
p=
    2    1    4    3
```

2. 脉冲和转换度量

脉冲和转换度量函数如表 1.12 所示。

表 1.12　脉冲和转换度量函数列表

函数名称	功能说明	函数名称	功能说明
dutycycle	脉冲波形的占空比	falltime	双电平波形的下降时间
midcross	双电平波形与中间参考电平的交叉点	overshoot	双电平波形的超调指标
pulseperiod	双电平脉冲周期	risetime	双电平波形的上升时间
pulsesep	双电平脉冲间隔	settlingtime	双电平波形的稳定时间
pulsewidth	双电平脉冲宽度	slewrate	双电平波形的转换速率
statelevels	直方图法估计双电平波形的状态电平	undershoot	双电平波形的下冲指标

1)双电平波形的占空比

以函数 dutycycle 为例介绍双电平波形占空比的描述。

dutycycle 函数的使用语法如下。

(1)D=dutycycle(X);

返回每个正极性脉冲的脉冲宽度与脉冲周期的比值。D 的长度等于 X 的脉冲周期数,X 的采样点对应于 X 的索引。

(2)D=dutycycle(X,Fs);

以赫兹为单位指定采样率 Fs 为正标量。X 的第一个采样时刻对应于 t=0。

（3）D=dutycycle（X,T）；

指定采样时刻 T 为与 X 元素个数相同的向量。

（4）D=dutycycle（TAU,PRF）；

返回脉冲宽度与脉冲周期之比，脉冲宽度为 TAU，脉冲重复频率为 PRF；并且 TAU 和 PRF 的乘积必须小于等于 1。

【例 1.23】 确定采样率为 4 MHz 的双电平波形的占空比，如图 1.15 所示。

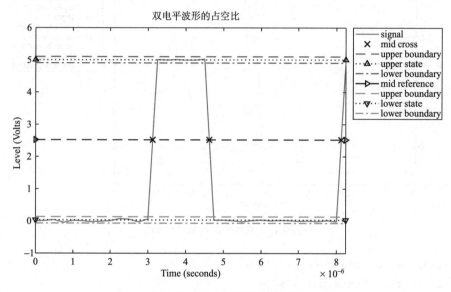

图 1.15 双电平波形的占空比

```
set(0,'defaultfigurecolor','w');
load('pulseex.mat','x','t');
fs=1/(t(2)-t(1));
d=dutycycle(x,fs);
%在波形图上注释结果
dutycycle(x,fs);
title('双电平波形的占空比');
```

2）双电平波形的稳定时间

以函数 settlingtime 为例介绍如何确定双电平波形的稳定时间。

settlingtime 函数的使用语法如下。

（1）S=settlingtime（X,D）；

返回从中间参考电平时刻到每次过渡进入并在持续时间内保持在最终状态为 2%公差范围内的时间 S，D 为正标量。

（2）S=settlingtime（X,Fs,D）；

指定双电平波形的采样率，X 以赫兹为单位。X 中的第一个采样时刻为 t=0，由于稳定时间使用内插法确定中间参考电平时刻，因此 S 可能包含与采样时刻不对应的值。

（3）S=settlingtime（X,T,D）；

将样本时刻 T 指定为向量，其元素数量与 X 相同。

【**例 1.24**】 确定双电平波形的稳定时间和相应的波形值，设置搜索持续时间为 10 秒，如图 1.16 所示。

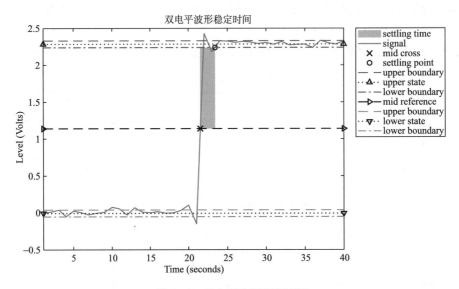

图 1.16 双电平波形稳定时间

```
set(0,'defaultfigurecolor','w');
load('transitionex.mat','x');
[s,slev,sinst]=settlingtime(x,10);
%绘制波形并注释稳定时间
settlingtime(x,10);
title('双电平波形稳定时间');
```

3. 谱测量

谱测量函数如表 1.13 所示。

表 1.13 谱测量函数列表

函数名称	功能说明	函数名称	功能说明
bandpower	带功率	powerbw	功率带宽
enbw	等效噪声带宽	sfdr	无杂波动态范围
instfreq	估计瞬时频率	sinad	信噪比和失真率
obw	占用带宽	snr	信噪比
pentropy	信号谱熵	thd	总谐波失真
pkurtosis	信号或频谱图的谱峭度	toi	三阶截距

以函数 enbw 为例介绍如何描述等效矩形噪声带宽。

enbw 函数的使用语法如下。

(1) bw=enbw(window);

返回均匀采样窗的双边等效噪声带宽 bw。等效噪声带宽由每个频点的噪声功率归一化。

(2) bw=enbw(window,fs);

返回双边等效噪声带宽 bw，单位为 Hz。

【例 1.25】 确定窗口长度为 1000 个样本点，采样频率为 10kHz 的 Von Hanning 窗的等效矩形噪声带宽，并将等效矩形带宽叠加到窗口的幅度谱上，如图 1.17 所示。

```matlab
set(0,'defaultfigurecolor','w');
%设置采样频率,创建窗口,得到中心频率为0的窗口的离散傅里叶变换
Fs=10000;
win=hann(1000);
windft=fftshift(fft(win));

%求出Von Hanning窗的等效噪声带宽
bw=enbw(hann(1000),Fs);

%绘制窗口的平方幅度DFT,并使用等效噪声带宽覆盖等效矩形
%双边带宽均匀地分布在整个频谱上
freq=-(Fs/2):Fs/length(win):Fs/2-(Fs/length(win));
maxgain=20*log10(abs(windft(length(win)/2+1)));

plot(freq,20*log10(abs(windft)));
hold on;
plot(bw/2*[-1 -1 1 1],[-40 maxgain maxgain -40],'--');
hold off;

xlabel('Hz');
ylabel('dB');
axis([-60 60 -40 60]);
title('等效矩形噪声带宽');
```

结果显示：

```
bw=
   15.0150
```

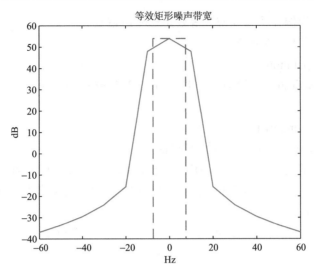

图 1.17   等效矩形噪声带宽

1.5.4   相关和卷积运算

相关和卷积运算函数如表 1.14 所示。

表 1.14   相关和卷积运算函数列表

函数名称	功能说明	函数名称	功能说明
corrcoef	计算相关系数矩阵	conv	求卷积和多项式乘法
corrmtx	计算自相关矩阵	conv2	二维卷积
xcorr	互相关函数估计	convmtx	卷积矩阵
xcorr2	二维互相关函数估计	cov	协方差矩阵
xcov	互协方差函数估计	deconv	反卷积和多项式除法
cconv	模 n 循环卷积		

1. 自相关矩阵

以函数 corrmtx 为例介绍如何计算自相关矩阵。

corrmtx 函数的使用语法如下。

（1）X=corrmtx(x, m)；

返回一个 $(n+m)\times(m+1)$ 的 Toeplitz 矩阵 X，使得 X'*X 是长度为 n 的数据向量 X 的自相关矩阵的(有偏)估计。m 必须是严格小于 x 长度的正整数。

（2）X=corrmtx(x,m,'method')；

根据 method 指定的方法计算矩阵 X，常用的 method 有以下几种。

autocorrelation：默认 X 是 $(n+m)\times(m+1)$ 的 Toeplitz 矩阵，该矩阵基于 m 阶预测误差模型，使用预加窗和后加窗的数据，生成长度为 n 的数据向量 x 的自相关估计。

prewindowed：X 是 $n\times(m+1)$ 的 Toeplitz 矩阵，该矩阵基于 m 阶预测误差模型，使用预加窗数据，生成长度为 n 的数据矢量 x 的自相关估计。

postwindowed：X 是 n×(m +1) 的 Toeplitz 矩阵，该矩阵基于 m 阶预测误差模型，使用后加窗的数据，生成长度为 n 的数据矢量 x 的自相关估计。

covariance：X 是 (n–m)×(m + 1) 的 Toeplitz 矩阵，该矩阵基于 m 阶预测误差模型，使用非加窗数据，生成长度为 n 的数据矢量 x 的自相关估计。

modified：X 是 2(n–m)×(m + 1) 的修正 Toeplitz 矩阵，该矩阵基于 m 阶预测误差模型，使用前向和后向预测误差估计，生成长度为 n 的数据向量 x 的自相关估计。

(3) [X,R]=corrmtx(__)；

返回 (m +1)×(m +1) 的自相关矩阵估计 R，计算为 X′ * X。

【例 1.26】   产生由两个正弦函数叠加一个高斯白噪声组成的信号，并使用 modified、prewindowed、autocorrelation 三种方法计算其自相关矩阵，仿真结果如图 1.18 所示。

```
set(0,'defaultfigurecolor','w');
n = 0:99;
s = sin(0.3*n)+2*sin(0.7*n)+randn(1,100);
m = 12;
[X,R] = corrmtx(s,m,'modified');
[X,R1] = corrmtx(s,m,'prewindowed');
[X,R2] = corrmtx(s,m,'autocorrelation');

[A,B4] = ndgrid(1:m+1);
figure(1);
plot3(A,B,R);
title('modified法');
figure(2);
plot3(A,B,R1);
title('prewindowed法');
figure(3);
plot3(A,B,R2);
title('autocorrelation法');
```

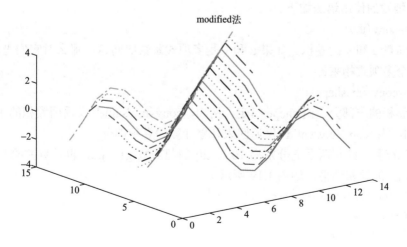

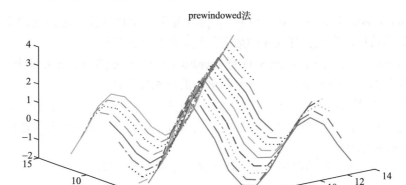

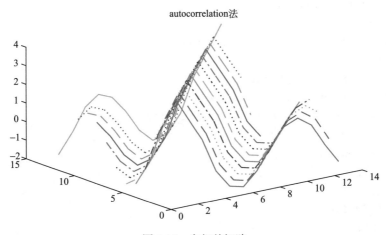

图 1.18　自相关矩阵

2. 卷积和多项式乘法

以函数 conv 为例介绍卷积和多项式乘法。

conv 函数的使用语法如下。

（1）w=conv(u,v)；

返回向量 u 和 v 的卷积。如果 u 和 v 是多项式系数的向量，那么对它们进行卷积等效于将两个多项式相乘。

（2）w=conv(u,v,shape)；

返回卷积的一部分，由 shape 指定。例如，conv(u,v,'same') 仅返回卷积的中心部分，大小与 u 相同；conv(u,v,'valid') 仅返回未补零计算的卷积部分。

【例 1.27】　绘制两个宽分别为 10 和 20 的门函数 g1、g2，再计算并绘制出 g1 和 g1、g1 和 g2 的卷积结果，如图 1.19 所示。

```
set(0,'defaultfigurecolor','w');
t=-40:0.01:40;
g1=[(t>0)&(t<10)];
```

```
g2=[(t>-5)&(t<15)];
X=conv(g1,g1,'same');
X1=conv(g1,g2,'same');

figure(1);
subplot(2,1,1);plot(t,g1);
ylim([0,1.5]);
title('两个不同的门函数');
subplot(2,1,2);plot(t,g2);
ylim([0,1.5]);
figure(2);
subplot(2,1,1);plot(t,X);
title('宽度相同的门函数卷积');
subplot(2,1,2);plot(t,X1);
ylim([0,1200]);
title('宽度不同的门函数卷积');
```

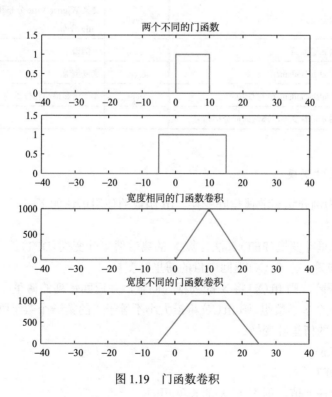

图 1.19　门函数卷积

1.5.5　信号变换

信号变换函数如表 1.15 所示。

表 1.15   信号变换函数列表

函数名称	功能说明	函数名称	功能说明
abs	绝对值和复数幅度	emd	经验模态分解
angle	相位角	fsst	傅里叶同步压缩变换
fft	快速傅里叶变换	ifsst	傅里叶同步压缩逆变换
ifft	快速傅里叶逆变换	hht	希尔伯特–黄变换
fftshift	将零频分量移至频谱中心	kurtogram	可视化光谱峰度
dftmtx	离散傅里叶变换矩阵	pspectrum	分析频域和时频域的信号
fft2	二维快速傅里叶变换	spectrogram	使用短时傅里叶变换的频谱图
ifft2	二维快速傅里叶逆变换	xspectrogram	使用短时傅里叶变换的交叉谱图
instfreq	估计瞬时频率	stft	短时傅里叶变换
czt	线性调频 Z 变换	istft	短时傅里叶逆变换
goertzel	二阶 Goertzel 算法的离散傅里叶变换	wvd	Wigner-Ville 分布和平滑伪 Wigner-Ville 分布
dct	离散余弦变换	xwvd	交叉 Wigner-Ville 分布和交叉平滑伪 Wigner-Ville 分布
idct	离散余弦逆变换	cceps	复倒谱
fwht	快速 Walsh-Hadamard 变换	icceps	逆复倒谱
ifwht	快速 Walsh-Hadamard 逆变换	rceps	实倒谱和最小相位重构
hilbert	采用希尔伯特变换的离散时间分析信号		

1. 离散傅里叶变换

以函数 fft 为例介绍离散傅里叶变换。fft 函数的使用语法如下。

(1) Y=fft(X);

使用快速傅里叶变换(FFT)算法计算 X 的离散傅里叶变换(DFT)。

如果 X 是向量，则 fft(X)返回向量的傅里叶变换；

如果 X 是矩阵，则 fft(X)将 X 的列视为向量，并返回每列的傅里叶变换；

如果 X 是一个多维数组,则 fft(X)将沿大小不等于 1 的第一个数组维的值作为向量，并返回每个向量的傅里叶变换。

(2) Y=fft(X,n);

返回 n 点 DFT。

如果未指定任何值，则 Y 与 X 的长度相同。

如果 X 是向量，且 X 的长度小于 n，则用末尾补零填充 X 到长度 n；

如果 X 是向量，且 X 的长度大于 n，则 X 的长度被截断为 n；

如果 X 是矩阵，则每一列都视为向量情况；

如果 X 是多维数组，则将其大小不等于 1 的第一个数组维视为向量。

(3) Y=fft(X,n,dim);

返回沿 dim 维的傅里叶变换，例如，如果 X 是一个矩阵，那么 fft(X,n,2) 返回每行的 n 点傅里叶变换。

【例 1.28】　绘制采样频率为 1kHz，信号持续时间为 1 秒的余弦信号，并计算其离散傅里叶变换，仿真结果如图 1.20 和图 1.21 所示。

```
figure(1);
Fs=1000;                    %采样频率
T=1/Fs;                     %采样周期
L=1000;                     %信号长度
t=(0:L-1)*T;                %时间向量

x1=cos(2*pi*50*t);          %第一个余弦波
x2=cos(2*pi*150*t);         %第二个余弦波
x3=cos(2*pi*300*t);         %第三个余弦波

X=[x1; x2; x3];
%将X的每一行的前100个元素按顺序绘制在一个图中，并比较它们的频率
for i=1:3
    subplot(3,1,i)
    plot(t(1:100),X(i,1:100))
    title(['Row ',num2str(i),' in the Time Domain'])
end
figure(2);
n=2^nextpow2(L);
%指定dim参数以沿X的行使用fft，即针对每个信号
dim=2;
%计算信号的傅里叶变换
Y=fft(X,n,dim);
%计算每个信号的双边频谱和单边频谱
P2=abs(Y/L);
P1=P2(:,1:n/2+1);
P1(:,2:end-1)=2*P1(:,2:end-1);
%在频域中，在单个图中绘制每行的单边幅度谱
for i=1:3
    subplot(3,1,i)
    plot(0:(Fs/n):(Fs/2-Fs/n),P1(i,1:n/2))
    title(['Row ',num2str(i),' in the Frequency Domain'])
end
```

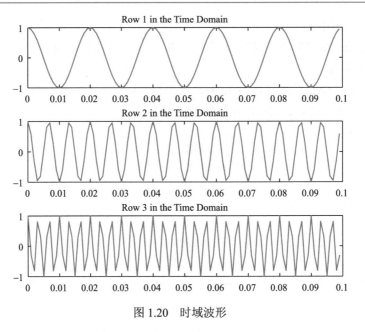

图 1.20　时域波形

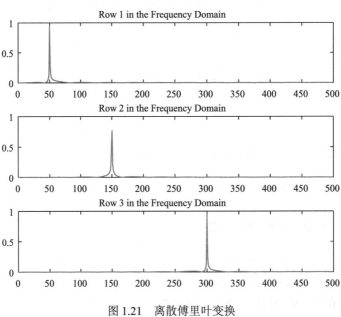

图 1.21　离散傅里叶变换

2. 离散余弦变换

以函数 dct 为例介绍离散余弦变换。dct 函数的使用语法如下。

（1）y=dct(x)；

返回输入数组 x 的离散余弦变换。输出 y 与 x 的元素个数相同，如果 x 的维数大于 1，则 dct 沿大于 x 的第一个数组进行运算。

(2) y=dct (x,n)；

转换前，将 x 的相关维数零填充或截断为长度 n。

(3) y=dct (x,n,dim)；

计算沿维数 dim 的变换。要输入维度并使用默认值 n，需将第二个参数指定为空[ ]。

(4) y=dct (,'Type',dcttype)；

指定要计算的离散余弦变换的类型，此选项可以与以上的语法组合。

【例 1.29】　通过余弦变换调整图像大小，仿真结果如图 1.22 所示。

```
set(0,'defaultfigurecolor','w');
%加载一个文件,该文件包含用于铸造美国便士硬币模具的深度测量值
%以128×128的网格进行采样,显示数据
load penny;

surf(P);
view(2);
colormap copper;
shading interp;
axis ij square off;
%使用DCT计算图像数据的离散余弦变换
Q=dct(P,[],1,'Type',1);
R=dct(Q,[],2,'Type',1);
%反变换:使重建图像的每个维数都是原图像长度的一半
S=idct(R,size(P,2)/2,2,'Type',1);
T=idct(S,size(P,1)/2,1,'Type',1);
%再次反变换：逆向补零使重建图像的每个维数都是原图像长度的两倍
U=idct(R,size(P,2)*2,2,'Type',1);
V=idct(U,size(P,1)*2,1,'Type',1);
%显示原始图像和重建图像
surf(V);
view(2);
shading interp;
hold on;

surf(P);
view(2);
shading interp;

surf(T);
view(2);
shading interp;
hold off;
axis ij equal off;
title('DCT法调整图像大小');
```

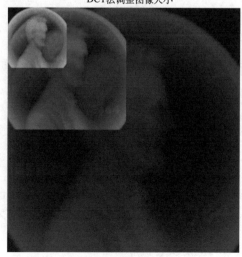

图 1.22　DCT 法调整图像大小

3. 希尔伯特变换

以函数 hilbert 为例介绍希尔伯特变换。

hilbert 函数的使用语法如下。

（1）x=hilbert(xr)；

返回数据序列 xr 的希尔伯特变换 x。如果 xr 是矩阵，则在矩阵上按列计算每一列的希尔伯特变换。

（2）x=hilbert(xr,n)；

使用 n 点快速傅里叶变换(FFT)计算希尔伯特变换。输入数据将进行适当的零填充或截断为长度 n。

【例 1.30】 给定一个正弦信号，画出其 Hilbert 变换信号，如图 1.23 所示。

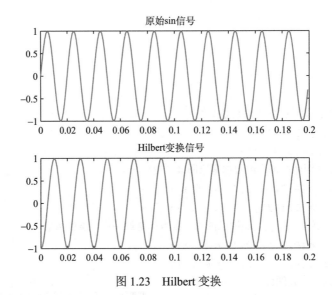

图 1.23　Hilbert 变换

```
set(0,'defaultfigurecolor','w');
ts=0.001;
fs=1/ts;
N=200;
f=50;
k=0:N-1;
t=k*ts;
%信号变换
y=sin(2*pi*f*t);
yh=hilbert(y);          % MATLAB函数得到信号是合成的复信号
yi=imag(yh);           % 虚部为定义的Hilbert变换
figure;
subplot(211);
plot(t, y);
```

```
title('原始sin信号');
subplot(212);
plot(t, yi);
title('Hilbert变换信号');
ylim([-1,1]);
%结论：sin信号Hilbert变换后为cos信号
```

4. 倒谱分析

以函数 cceps 为例介绍信号的倒谱分析。

cceps 函数的使用语法如下。

(1) xhat=cceps(x);

返回使用傅里叶变换计算的数据序列 x 的复倒谱 xhat。

(2) [xhat,nd]=cceps(x);

返回在找到复倒谱之前添加到 x 上的 (循环) 延迟样本 nd 的数量。

(3) [xhat,nd,xhat1]=cceps(x);

返回第二个复倒谱，xhat1。

(4) [__]=cceps(x,n);

将 x 零填充到长度 n 并返回长度 n。

【例 1.31】　产生一个频率为 45Hz 的正弦信号，其采样频率为 100Hz，并在 0.2 秒后加入一半振幅的 echo，再计算该正弦信号的复倒谱，如图 1.24 所示。

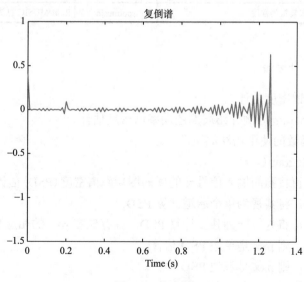

图 1.24　复倒谱

```
set(0,'defaultfigurecolor','w');
Fs=100;
t=0:1/Fs:1.27;
s1=sin(2*pi*45*t);
```

```
s2=s1 + 0.5*[zeros(1,20)s1(1:108)];
c=cceps(s2);
plot(t,c);
xlabel('Time(s)');
title('复倒谱');
```

1.5.6 谱分析

谱分析函数如表 1.16 所示。

表 1.16　谱分析函数列表

函数名称	功能说明	函数名称	功能说明
cpsd	交叉功率谱密度	mag2db	将幅度转换为分贝
mscohere	幅值平方相干函数	db2pow	将分贝转换为功率
pentropy	信号的光谱熵	pow2db	将功率转换为分贝
periodogram	周期图功率谱密度估计	pburg	自回归功率谱密度估计-Burg 法
plomb	Lomb-Scargle 周期图	pcov	自回归功率谱密度估计-协方差法
pmtm	多窗功率谱密度估计	pmcov	自回归功率谱密度估计-修正协方差法
poctave	产生倍频频谱	pyulear	自回归功率谱密度估计-Yule-Walker 法
pwelch	Welch 功率谱密度估计	peig	用特征向量法计算伪谱
tfestimate	传递函数估计	pmusic	使用 MUSIC 算法计算伪谱
db	将能量或功率转换为分贝	rooteig	用特征向量法计算频率和功率
db2mag	将分贝转换为幅度	rootmusic	Root-MUSIC 算法

1. 非参数谱估计方法

1) 周期图功率谱密度估计

以函数 periodogram 为例介绍周期图功率谱密度估计。

periodogram 函数的使用语法如下。

（1）pxx=periodogram(x)；

返回使用矩形窗找到的输入信号 x 的周期图功率谱密度（PSD）估计 pxx。

当 x 是向量时，将其视为单个通道计算 PSD；

当 x 是矩阵时，将为每一列独立计算 PSD，并存储在 pxx 的相应列中。

如果 x 是实数，则 pxx 是单边 PSD 估计；

如果 x 为复数，则 pxx 是双边 PSD 估计。

离散傅里叶变换（DFT）中的点数 nfft 最大为 256。

（2）pxx=periodogram(x,window)；

返回使用 window 计算的修正周期图 PSD 估计。window 是一个与 x 长度相同的向量。

（3）pxx=periodogram(x,window,nfft)；

使用 nfft 点离散傅里叶变换(DFT)。

如果 nfft 大于信号长度，则将 x 零填充到长度为 nfft；

如果 nfft 小于信号长度，则将信号以模 nfft 规整并使用 datawrap 求和。例如，nfft 等于 4 的输入信号[1 2 3 4 5 6 7 8]产生 sum([1 5; 2 6; 3 7; 4 8],2)的周期图。

(4) [pxx, w]=periodogram(___);

返回归一化频率向量 w。

【例 1.32】 用周期图法估计一个叠加 N(0,1)白噪声的、角频率为 π/4 的正弦波的功率谱密度，如图 1.25 所示。

```
set(0,'defaultfigurecolor','w');
%创建一个叠加N(0,1)白噪声的、角频率为π/4的正弦波
%信号长度为320个样本,使用默认的矩形窗和DFT长度获得周期图
%DFT长度是信号长度的2次幂或512个点
%由于信号是实信号,长度是偶数,所以周期图是单边的,有512/2+1个点
n=0:319;
x=cos(pi/4*n)+randn(size(n));
[pxx,w]=periodogram(x);
plot(w,10*log10(pxx),'-r');
xlim([0 pi]);                    %设置x轴的范围
%设置x轴的刻度范围和间隔
set(gca,'XTick',[0:pi/4:pi]);
% 当前图形(gca)的x轴坐标刻度标志
set(gca,'xtickLabel',{'0','pi/4','2pi/4','3pi/4','pi'});
title('周期图功率谱密度估计');
```

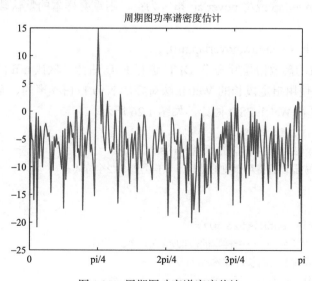

图 1.25 周期图功率谱密度估计

2) Welch 功率谱密度估计

以函数 pwelch 为例介绍使用 Welch 法估计功率谱密度。

pwelch 函数的使用语法如下。

(1)pxx=pwelch(x);

返回输入信号 x 的功率谱密度(PSD)估计 pxx,该信号是使用 Welch 重叠段平均估计器得到的。

当 x 是向量时,将其视为单个通道;

当 x 是矩阵时,将为每一列独立计算 PSD,并存储在 pxx 的相应列中。

如果 x 是实数,则 pxx 是单边 PSD 估计;

如果 x 是复数,则 pxx 是双边 PSD 估计。

默认情况下,x 被划分为尽可能长的段,以获得接近但不超过 8 个具有重复率为 50% 的段。每个段都有一个汉明窗,对修正的周期图进行平均以获得 PSD 估计值。如果不能将 x 的长度精确地划分为 50%重叠的整数段,则 x 将相应地被截断。

(2)pxx=pwelch(x,window);

使用输入向量或整数窗将信号划分为多个段。

如果 window 是向量,则 pwelch 将信号分成长度与 window 长度相等的段。修正的周期图使用信号段乘以向量 window 计算;

如果 window 是整数,则信号被分为多个 window 长的段。使用汉明窗的 window 长度来计算修正的周期图。

(3)pxx=pwelch(x,window,noverlap);

使用段之间有重叠的估计方法,noverlap 为重叠长度。

如果 window 是整数,则 noverlap 必须是小于 window 的正整数;

如果 window 是向量,则 noverlap 必须为小于 window 长度的正整数;

如果未指定 noverlap 或将 noverlap 指定为空,则重叠样本的默认数量为窗口长度的 50%。

(4)pxx=pwelch(x,window,noverlap,nfft);

使用指定点数的离散傅里叶变换(DFT)进行 PSD 估计。默认 nfft 的最大值是 256。

【例 1.33】   使用指定段长的 Welch 法对叠加 N(0,1)白噪声的、角频率为 π/3 的离散时间正弦信号进行 Welch PSD 估计,如图 1.26 所示。

```
set(0,'defaultfigurecolor','w');
%创建一个叠加N(0,1)白噪声,角频率为π/3的正弦波
%重置随机数生成器以获得可重复的结果。该信号有512个样本
rng default
n=0:511;
x=cos(pi/3*n)+randn(size(n));
%获得将信号分为长度为132个样本的段的Welch PSD估计
%信号段乘以汉明窗132的长度样本
%没有指定重叠样本的数量,因此将其设置为132/2=66
%DFT长度为256点,产生的频率分辨率为2π/256rad/sample
%因为是实信号,所以PSD估计是单边的,并且有256/2 + 1=129个点
%将PSD绘制为归一化频率的函数
```

```
segmentLength=132;
[pxx,w]=pwelch(x,segmentLength);
plot(w/pi,10*log10(pxx));
xlabel('\omega / \pi');
title('Welch法-功率谱密度估计');
```

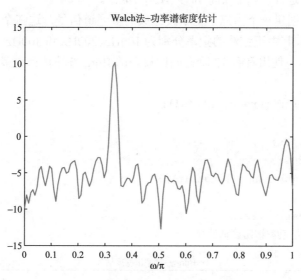

图 1.26　Welch 法-功率谱密度估计

2. 参数谱估计方法

1) 自回归功率谱密度估计——Burg 法

以函数 pburg 为例介绍使用 Burg 法估计功率谱密度。

pburg 函数的使用语法如下。

(1) pxx=pburg(x,order);

返回使用 Burg 法计算的离散时间信号 x 的功率谱密度(PSD)估计 pxx。

当 x 是向量时，将其视为单个通道；

当 x 是矩阵时，将为每一列独立计算 PSD，并存储在 pxx 的相应列中。pxx 是单位频率的功率分布，频率以 rad/sample 为单位，order 是用于产生 PSD 估计的自回归(AR)模型的顺序。

(2) pxx=pburg(x,order,nfft);

使用 nfft 点离散傅里叶变换(DFT)。

对于实数 x，如果 nfft 为偶数，则 pxx 的长度为 nfft/2+1；如果 nfft 为奇数，则长度为 (nfft + 1) / 2；

对于复数 x，pxx 的长度始终为 nfft。如果省略 nfft 或将其指定为空，则 pburg 使用默认的 DFT 长度 256。

(3) [pxx,w]=pburg(x,order,w);

返回向量 w 中指定归一化频率的双边 AR PSD 估计。向量 w 必须至少包含两个元素，否则函数会将其解释为 nfft。

（4）[pxx,f]=pburg（x,order,f,fs）;

返回向量 f 中指定频率的双边 AR PSD 估计。向量 f 必须至少包含两个元素，否则函数会将其解释为 nfft。f 中的频率是单位时间的周期数，采样频率 fs 是单位时间的采样数。如果时间单位是秒，则 f 以周期/秒（Hz）为单位。

【例 1.34】 创建一个由三个正弦波组成的多通道信号，这三个正弦波具有叠加的 N(0,1) 高斯白噪声，其中正弦波的频率分别为 100Hz、200Hz 和 300Hz，采样频率为 1kHz，信号持续时间为 1s。使用具有 12 阶自回归模型的 Burg 方法估计该多通道信号的 PSD，如图 1.27 所示。

```
set(0,'defaultfigurecolor','w');
Fs=1000;
t=0:1/Fs:1-1/Fs;
f=[100;200;300];
x=cos(2*pi*f*t)+randn(length(t),3);
morder=12;
pburg(x,morder,[],Fs);
title('Burg法-功率谱密度估计');
```

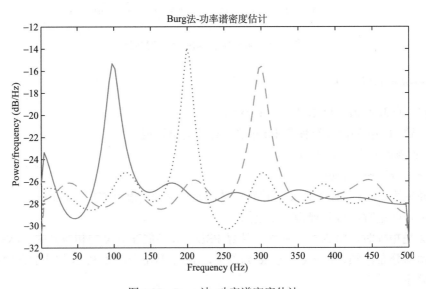

图 1.27 Burg 法-功率谱密度估计

2）自回归功率谱密度估计——Yule-Walker 法

以函数 pyulear 为例介绍使用 Yule-Walker 法估计功率谱密度。

pyulear 函数的使用语法如下。

（1）pxx=pyulear（x,order）;

返回使用 Yule-Walker 法计算的离散时间信号 x 的功率谱密度估计 pxx。

当 x 是向量时，将其视为单通道信号；

　　当 x 是矩阵时，将为每一列独立计算 PSD，并存储在 pxx 的相应列。pxx 是单位频率的功率分布，频率以 rad/sample 为单位。order 是用于产生 PSD 估计的自回归(AR)模型的顺序。

　　(2) pxx=pyulear(x,order,nfft)；

　　使用 nfft 点离散傅里叶变换(DFT)。

　　对于实数 x，如果 nfft 为偶数，则 pxx 的长度为 nfft / 2 +1；如果 nfft 为奇数，则长度为(nfft +1)/ 2。

　　对于复数 x，pxx 的长度始终为 nfft。如果省略 nfft 或将其指定为空，则 pyulear 将使用默认的 DFT 长度 256。

　　(3) [pxx,w]=pyulear(x,order,w)；

　　以向量 w 中指定的归一化频率返回双边 AR PSD 估计。向量 w 必须至少包含两个元素，否则函数会将其解释为 nfft。

　　(4) [pxx,f]=pyulear(x,order,f,fs)；

　　返回向量 f 中指定频率的双边 AR PSD 估计。向量 f 必须至少包含两个元素，否则函数会将其解释为 nfft。f 中的频率是单位时间的周期数,采样率 fs 是单位时间的采样数。如果时间单位是秒，则 f 以周期/秒(Hz)为单位。

【例 1.35】　创建一个 AR(4)广义平稳随机过程，并画出其系统的 PSD，再使用 Yule-Walker 方法估计其 PSD。并将 Yule-Walker 法估计的 PSD 与随机过程的真实 PSD 进行比较，如图 1.28 所示。

```
set(0,'defaultfigurecolor','w');
%创建一个AR(4)系统函数,获得频率响应并绘制系统的PSD
A=[1 -2.7607 3.8106 -2.6535 0.9238];
[H,F]=freqz(1,A,[],1);
plot(F,20*log10(abs(H)),'--');
xlabel('Frequency(Hz)');
ylabel('PSD(dB/Hz)');
%创建AR(4)随机过程
%将随机数生成器设置为默认设置以获得可重复的结果,实现的长度为1000个样本
%假设采样频率为1Hz,使用pyulear估计4阶过程的PSD
%将PSD估计值与真实PSD进行比较
rng default;
x=randn(1000,1);
y=filter(1,A,x);
[pxx,F]=pyulear(y,4,1024,1);
hold on;
plot(F,10*log10(pxx));
legend('True Power Spectral Density','pyulear PSD Estimate');
title('Yule-Walker法-功率谱密度估计');
```

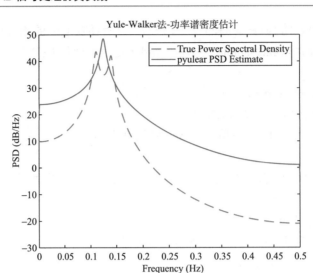

图 1.28　Yule-Walker 法-功率谱密度估计

3) 自回归功率谱密度估计——协方差法

以函数 pcov 为例介绍使用协方差法估计功率谱密度。

pcov 函数的使用语法如下。

(1) pxx=pcov(x,order)；

返回使用协方差方法计算的离散时间信号 x 的功率谱密度（PSD）估计 pxx。

当 x 是向量时，将其视为单通道信号；

当 x 是矩阵时，将为每一列独立计算 PSD，并存储在 pxx 的相应列中。pxx 是单位频率的功率分布，频率以 rad/sample 为单位。order 是用于产生 PSD 估计的自回归（AR）模型的顺序。

(2) pxx=pcov(x,order,nfft)；

使用 nfft 点离散傅里叶变换（DFT）。

对于实数 x，如果 nfft 为偶数，则 pxx 的长度为 nfft / 2 + 1；如果 nfft 为奇数，则长度为 (nfft + 1) / 2。

对于复数 x，pxx 的长度始终为 nfft。如果省略 nfft 或将其指定为空，则 pcov 使用默认 256 的 DFT 长度。

(3) [pxx,w]=pcov(x,order,w)；

返回向量 w 中指定归一化频率的双边 AR PSD 估计。向量 w 必须至少包含两个元素，否则函数会将其解释为 nfft。

(4) [pxx,f]=pcov(x,order,f,fs)；

返回向量 f 中指定频率的双边 AR PSD 估计。向量 f 必须包含至少两个元素，否则函数会将其解释为 nfft。f 中的频率是单位时间的周期数，采样频率 fs 是单位时间的采样数。如果时间单位是秒，则 f 以周期/秒（Hz）为单位。

【例 1.36】　创建一个 AR（4）广义平稳随机过程，然后使用协方差方法估计其 PSD，并将基于协方差法估计的 PSD 与随机过程的真实 PSD 进行比较，如图 1.29 所示。

```
set(0,'defaultfigurecolor','w');
%创建一个AR(4)系统函数,获得频率响应并绘制系统的PSD
A=[1 -2.7607 3.8106 -2.6535 0.9238];
[H,F]=freqz(1,A,[],1);
plot(F,20*log10(abs(H)),'--');
xlabel('Frequency (Hz)');
ylabel('PSD (dB/Hz)');
%创建AR(4)随机过程的实现,将随机数生成器设置为默认设置以获得可重复的结果
%实现的长度为1000个样本, 假设采样频率为1Hz
%使用pcov估算4阶过程的PSD,将PSD估计值与真实PSD进行比较
rng default
x=randn(1000,1);
y=filter(1,A,x);
[Pxx,F]=pcov(y,4,1024,1);
hold on;
plot(F,10*log10(Pxx));
legend('True Power Spectral Density','pcov PSD Estimate');
title('协方差法-功率谱密度估计');
```

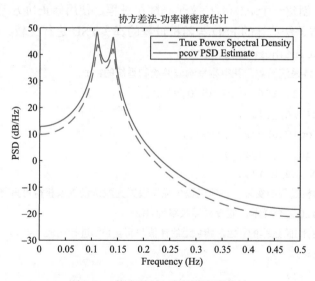

图 1.29 协方差法-功率谱密度估计

4) 自回归功率谱密度估计——修正协方差法

以函数 pmcov 为例介绍使用修正协方差法估计功率谱密度。

pmcov 函数的使用语法如下。

(1) pxx=pmcov(x,order);

返回使用修正协方差法计算的离散时间信号 x 的功率谱密度估计 pxx。

当 x 是向量时, 将其视为单通道信号;

当 x 是矩阵时，将为每一列独立计算 PSD，并存储在 pxx 的相应列中。pxx 是单位频率的功率分布，频率以 rad/sample 为单位。order 是用于产生 PSD 估计的自回归(AR)模型的顺序。

(2) pxx=pmcov(x,order,nfft);

使用 nfft 点离散傅里叶变换(DFT)。

对于实数 x，如果 nfft 为偶数，则 pxx 的长度为 nfft / 2 + 1；如果 nfft 为奇数，则长度为 (nfft + 1) / 2。

对于复数 x，pxx 的长度始终为 nfft。如果省略 nfft 或将其指定为空，则 pmcov 使用默认的 DFT 长度 256。

(3) [pxx,w]=pmcov(x,order,w);

返回向量 w 中指定归一化频率的双边 AR PSD 估计。向量 w 必须至少包含两个元素，否则函数会将其解释为 nfft。

(4) [pxx,f]=pmcov(x,order,f,fs);

返回向量 f 中指定频率的双边 AR PSD 估计。向量 f 必须包含至少两个元素，否则函数会将其解释为 nfft。f 中的频率是单位时间的周期数，采样频率 fs 是单位时间的采样数。如果时间单位是秒，则 f 以周期/秒(Hz)为单位。

【例 1.37】　创建一个 AR(4)广义平稳随机过程，使用修正协方差法估计其 PSD，并将基于修正协方差法估计的 PSD 与随机过程的真实 PSD 进行比较，如图 1.30 所示。

```
set(0,'defaultfigurecolor','w');
%创建一个AR(4)系统函数，获得频率响应并绘制系统的PSD
A=[1 -2.7607 3.8106 -2.6535 0.9238];
[H,F]=freqz(1,A,[],1);
plot(F,20*log10(abs(H)),'--');
xlabel('Frequency (Hz)');
ylabel('PSD (dB/Hz)');
%创建AR(4)随机过程的实现，将随机数生成器设置为默认设置以获得可重复的结果
%实现的长度为1000个样本，假设采样频率为1Hz
%使用pmcov估计4阶过程的PSD，将PSD估计值与真实PSD进行比较
rng default;
x=randn(1000,1);
y=filter(1,A,x);
[Pxx,F]=pmcov(y,4,1024,1);
hold on;
plot(F,10*log10(Pxx));
legend('True Power Spectral Density','pmcov PSD Estimate');
title('修正协方差法-功率谱密度估计');
```

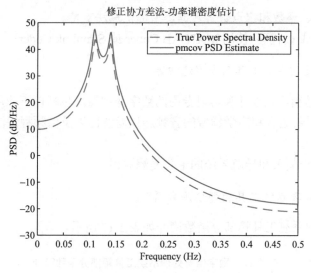

图 1.30　修正协方差法-功率谱密度估计

1.6　数字信号处理系统工具箱

1. 数字信号处理系统工具箱简介

数字信号处理系统工具箱(DSP system Toolbox)提供用于 MATLAB 和 Simulink 中流信号处理的算法、滤波器、设计工具和应用程序。这些功能以 MATLAB 函数、MATLAB 系统对象和 Simulink 模块的形式提供。应用数字信号处理系统工具箱可以为音频、通信、医疗以及其他实时信号处理以及物联网(IoT)等应用场合创建 DSP 系统并进行测试。

使用数字信号处理系统工具箱可以设计和分析 FIR、IIR、多速率、多级与自适应滤波器。以此可以从音频设备、文件和网络传输信号流来支持系统的开发及验证。示波器、频谱分析仪和逻辑分析仪工具可用于对流信号进行动态可视化及测量。另外，数字信号处理系统工具箱支持 C/C++代码生成和定点建模，还支持为 FFT 和 IFFT 等算法生成 HDL 代码。

DSP 系统工具箱为 MATLAB 中信号处理系统的设计、仿真和分析等提供算法支持。Simulink 可以为通信、雷达、音频、医疗设备、物联网和其他应用等提供实时 DSP 系统建模。

2. 数字信号处理系统工具箱的主要特征

数字信号处理系统工具箱的主要特征如下。

(1)为 MATLAB 函数、MATLAB System 对象和 Simulink 模块提供算法支持。

(2)提供专用滤波器的设计方法，包括参数均衡器和自适应、多速率、倍频程与声学加权滤波器。

(3)通过滤波器来实现系统架构，包括二阶滤波器和晶格数字滤波器。

(4)对浮点数、整数和定点数等数据类型提供算法支持。

(5)能自动生成 C 代码(使用 MATLAB Coder 或 Simulink Coder)。

3. 数字信号处理系统工具箱专用滤波器

DSP 系统工具箱可以设计和实现专用的数字滤波器,包括以下应用。

(1)应用于音频、语音和声学领域的音频加权滤波器以及倍频程滤波器和参数均衡器滤波器。

(2)应用于航空航天和导航系统的卡尔曼滤波器。

4. 数字信号处理系统工具箱部分函数简介

数字信号处理系统工具箱部分函数简介如表 1.17 所示。

表 1.17　数字信号处理系统工具箱部分函数简介

函数名称	格式	功能说明
buttord	[N,Wc]=buttord(Wp,Ws,Ap,As)	根据给定参数求取巴特沃斯滤波器的最小阶数和截止频率。参数 Wp、Ws 是数字低通滤波器的归一化通带和阻带截频,Ap、As 为滤波器的通带和阻带衰减(dB)
conv	c=conv(a,b)	用于求矢量 a 和 b 的卷积,即 $c(n)=\sum_{K=0}^{N-1}a(k+1)b(n-k),n=1,2,\cdots$
filter	$y=\text{filter}(b,a,x)$	利用 IIR 滤波器或 FIR 滤波器对数据进行滤波
freqz	$[h,W]=\text{freqz}(b,a,n)$ $[h,f]=\text{freqz}(b,a,n,\text{Fs})$ $h=\text{freqz}(b,a,w)$ $h=\text{freqz}(b,a,f,\text{Fs})$ $\text{freqz}(b,a)$	freqz 用于计算数字滤波器 $H(z)$ 的频率响应函数 $H(e^{jw})$
stem	$\text{stem}(y)$ $\text{stem}(x,y)$	绘制离散序列图,序列线顶端为圆圈
fft	$y=\text{fft}(x)$; $y=\text{fft}(x,n)$	用于计算矢量或矩阵的离散傅里叶变换
ifft	$y=\text{ifft}(x)$; $y=\text{ifft}(x,n)$	快速傅里叶逆变换(IFFT)

第 2 章　Simulink 仿真基础

Simulink 是一个基于模块图的交互式图形化开发环境，主要用于多领域仿真和基于模型的设计。Simulink 提供图形编辑器、可自定义的模块库和求解器，支持动态系统设计、仿真、自动代码生成和嵌入式系统的连续测试与验证。Simulink 与 MATLAB 集成在一起，既可将 MATLAB 算法融入 Simulink 模型，也可以将 Simulink 模型仿真结果导出至 MATLAB 进行深入分析。Simulink 已被广泛用于通信、控制、信号处理、图像处理、计算机视觉等系统的仿真和设计。

2.1　Simulink 基本操作

Simulink 作为一个动态系统和嵌入式系统仿真与基于模型的设计工具，用户无须编写大量的 MATLAB 代码，只需通过简单的模块图形编辑操作，即可构造出复杂的系统。因此，Simulink 具有很多的优点，例如：

(1)具有丰富的且可扩充的预定义模块库；

(2)丰富的交互式图形编辑器组合和管理模块图；

(3)图形化的调试器和剖析器检查仿真结果；

(4)检验设计性能和诊断异常行为等。

2.1.1　启动 Simulink

从 MATLAB 启动 Simulink 的方法有以下两种。

(1)在 MATLAB 主窗口工具条上，单击 Simulink 按钮启动 Simulink。首次启动 Simulink 会有一定的时间延迟，在不关闭 MATLAB 的情况下，若再次启动 Simulink 则会比较快速。Simulink 启动后进入 Simulink Start Page 页面，如图 2.1 所示。

(2)在 MATLAB 命令行窗口中输入 simulink(注意：输入的字母 s 为英文小写)，也可以启动 Simulink，结果同上。

2.1.2　Simulink 基本操作过程

下面通过一个简单的建模实例来说明 Simulink 的基本操作过程。要创建的简单模型包含 4 个 Simulink 模块，用来定义系统的数学运算并提供输入信号。

Pulse Generator 模块：为模型生成输入脉冲信号。

Derivative 模块：对输入信号进行微分运算。

Bus Creator 模块：将多个信号合并为一个信号。

Scope 模块：可视化和比较输入信号与输出信号。

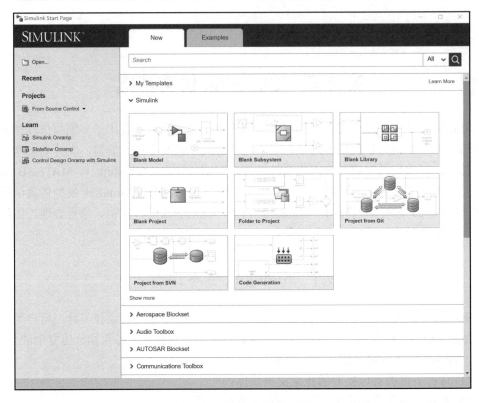

图 2.1   Simulink 启动页面

该模型创建的具体步骤如下。

（1）按照前述方法启动 Simulink，进入 Simulink Start Page 页面。单击 Blank Model 模块进入 Simulink 模型编辑器（Simulink Editor），如图 2.2 所示。编辑器打开了一个空模块图，在此可进行模型创建或编辑。

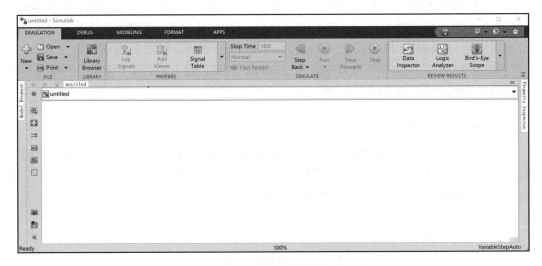

图 2.2   Simulink 模型编辑器

（2）从 File 菜单中，选择 Save as 选项。在弹出的保存文件对话框中，输入模型名称，如 my_model，单击 Save 按钮保存 Simulink 模型文件。模型使用文件扩展名.slx 进行保存。

（3）从 Simulink Editor 工具栏上，单击 Library Browser 按钮，进入 Simulink 模块库浏览器页面 Simulink Library Browser，如图 2.3 所示。在此可以搜索模型中需要使用的模块，还可以创建新的 Simulink 模型、项目或 Stateflow 图。

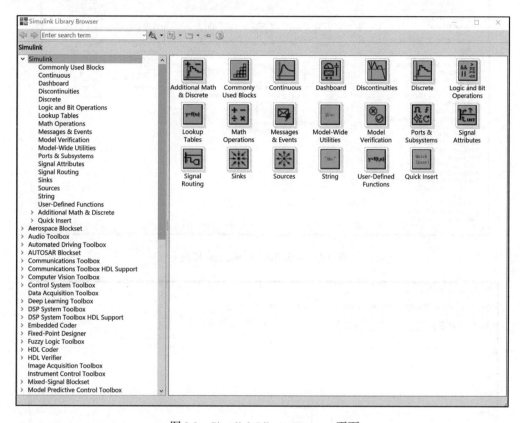

图 2.3　Simulink Library Browser 页面

（4）搜索 Pulse Generator 模块。在 Simulink Library Browser 浏览器工具栏的搜索框中输入 Pulse Generator，然后按 Enter 键，在右窗格中可以看到与 Pulse Generator 有关的模块。也可以从 Simulink Library Browser 左窗格中选择 Sources 库，在右窗格中找到 Pulse Generator 模块，如图 2.4 所示。

（5）将 Pulse Generator 模块拖拽到 Simulink 编辑器中。模型中出现 Pulse Generator 模块的副本，如图 2.5（a）所示。与此同时出现一个文本框用于输入 Amplitude 参数的值。

在本例中，可以在文本框中输入 5，设置振幅为 5，其余参数采用默认值。也可以双击模块查看参数设置情况，如图 2.5（b）所示，由图可知，该脉冲信号的振幅为 5，周期为 2s，脉冲宽度为周期的 50%，Phase delay（secs）默认为 0。

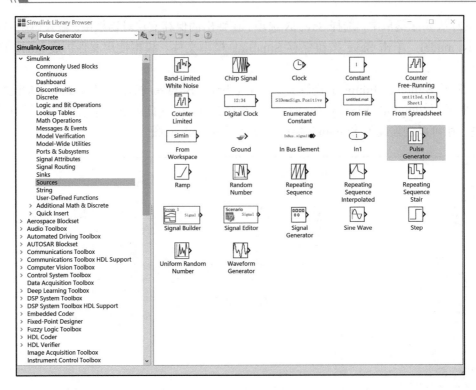

图 2.4　搜索 Pulse Generator 模块

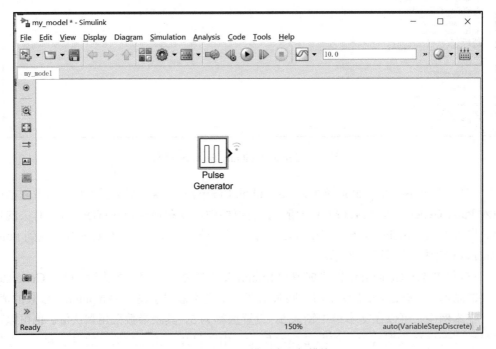

(a)向 my_model 模型中添加模块

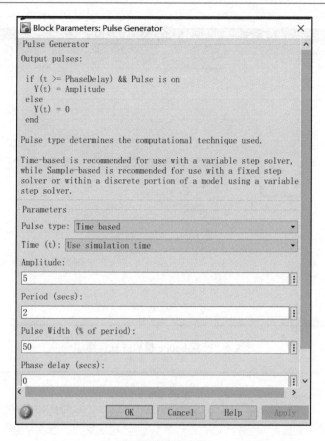

(b)脉冲信号参数

图 2.5　在模型中添加 Pulse Generator 模块并设置脉冲信号参数

(6)添加 Scope 模块。可以直接在模块图中空白处双击,出现搜索图标后,键入 scope 按 Enter 键就可以直接添加 Scope 模块,如图 2.6 所示。也可以从 Simulink/Sinks 库中选中 Scope 模块,并将其拖拽到 Simulink 编辑器中,此时模型中出现 Scope 模块的副本。另外,还可以通过复制 Scope 模块,然后粘贴到模型窗口的方式来添加。添加模块成功的同时会出现一个文本框,用于输入端口数目。本例在文本框中输入 1,表示 Scope 输入一个信号。

(7)按照添加 Pulse Generator 模块或添加 Scope 模块的方法,添加 Derivative 和 Bus Creator 两个模块。它们分别位于 Simulink/Continuous 和 Simulink/Signal Routing 模块库中。创建模型所需的 4 个模块添加完毕后,模型如图 2.7 所示。

(8)移动模块和调整模块大小。选中一个模块,然后拖动或者按键盘上的箭头,即可移动该模块。选中模块后将鼠标移动至模块的四个角之一,然后按下鼠标左键并拖动,可改变模块大小。模块调整结果如图 2.8 所示。

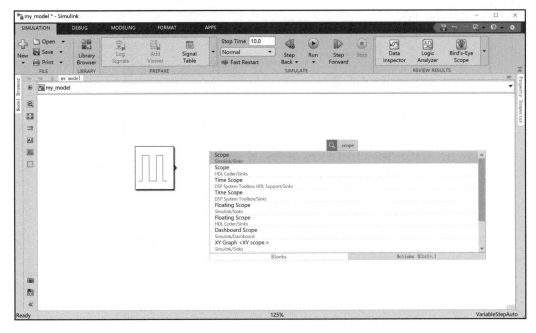

图 2.6　搜索 Scope 模块并直接添加

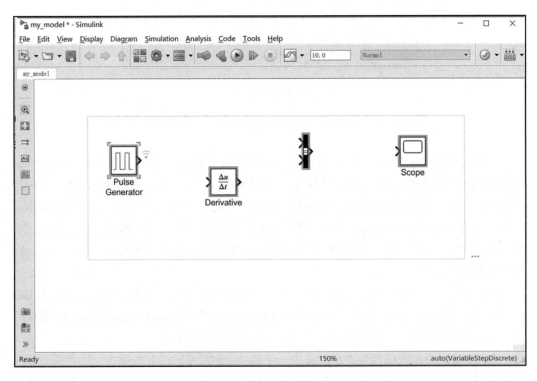

图 2.7　添加了四个模块的模型

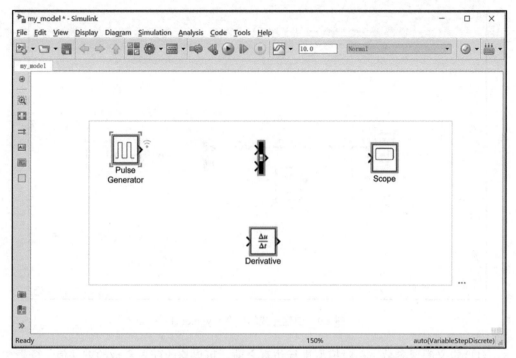

图 2.8 调整了模块位置和大小的模型

(9)模块连接。大多数模块的一侧或两侧带有">",表示输入和输出端口:指向模块内部的">"表示输入端口,指向模块外部的">"表示输出端口。Simulink 用线条连接模块的输出端口和输入端口,线条表示时变信号,并用箭头表示信号流的方向。下面采用两种方法连接模块。

方法 1:光标拖动连接模块。将光标放在 Pulse Generator 模块右侧的输出端口上,指针变为一个十字(+),单击并拖动鼠标,从该输出端口绘制一条线,连接到 Bus Creator 模块顶部的输入端口。再按住鼠标时,连接线显示为红色虚线箭头。当指针位于输出端口上时,松开鼠标。

方法 2:Ctrl 快捷键方式连接模块。选中 Derivative 模块,然后按住 Ctrl 键,再单击 Bus Creator 模块。Derivative 模块通过一条信号线自动连接到 Bus Creator 模块。采用同样的方法连接 Bus Creator 模块和 Scope 模块。

(10)绘制带分支的信号线。该连接不同于从输出端口到输入端口的连接。将光标放在分支线的起始位置,即将光标放在 Pulse Generator 和 Bus Creator 模块之间的信号线上。右击并从该线条向外拖动光标,以绘制一条虚线段。继续将光标拖动到 Derivative 模块的输入端口,然后松开鼠标就可以完成 Pulse Generator 模块和 Derivative 模块之间的信号线连接。同样的方法绘制从 Bus Creator 模块到 Scope 模块的分支信号线。至此,模型已经创建完成,如图 2.9 所示。

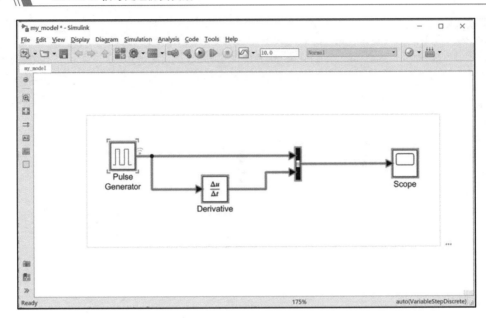

图 2.9　创建完成的模型 my_model

（11）定义配置参数。在对模型进行仿真之前，可以修改配置参数的默认值。配置参数包括数值求解器的类型、开始时间、停止时间以及最大步长等。从 Simulink Editor 菜单上，选择 Simulation > Model Configuration Parameters。Configuration Parameters 对话框随即打开并显示 Solver 窗格，如图 2.10 所示。也可以通过单击 Simulink Editor 工具栏上的参数按钮来打开 Model Configuration Parameters 对话框。如果 Solver 参数设置为 auto，Simulink 将为模型仿真确定最佳数值求解器。也可以自己设置参数，例如，在本例中，在 Stop time 字段中输入 20.0，表示信号的持续时间为 20 秒。选择 Additional Parameters，在 Max step size 字段中输入 0.2。单击 OK 按钮或 Apply 按钮保存参数。

（12）进行模型仿真并观察仿真结果。首先选中所有模块图标，单击"图形显示"按钮，在其下拉菜单中选择 Log Selected Signals 选项，如图 2.11（a）所示。此时能看到除 Scope 模块外所有模块图标右上角出现类似 WiFi 信号的标志，如图 2.11（b）所示。然后从 Simulink Editor 菜单栏中，选择 Simulation > Run。也可以通过单击 Simulink Editor 工具栏或 Scope 窗口工具栏上的 Run 仿真按钮和 Pause 仿真按钮来控制仿真。仿真开始运行，然后在到达 Model Configuration Parameters 对话框所指定的停止时间时停止运行。双击 Scope 模块打开 Scope 窗口，并显示仿真结果。如图 2.12（a）～（c）所示，图中显示脉冲信号以及生成的微分信号。

（13）更改 Scope 窗口的显示外观。在 Scope 窗口工具栏中，单击右上角的"设置"按钮，并再次单击下拉菜单键里的 Style 按钮，打开 Style 对话框，该对话框提供了颜色设置选项，如图 2.13（a）所示。另外，在 Scope 显示窗口的左上角区域可以更改输出信号线的颜色，如图 2.13（b）所示。如在本例中将 Background 颜色由白色改为黑色，Plot area 颜色由白色修改为黑色。另外将 Pulse Generator 的幅值改为 9，其余参数保持不变。显示外观修改后的 Scope 窗口如图 2.14 所示。

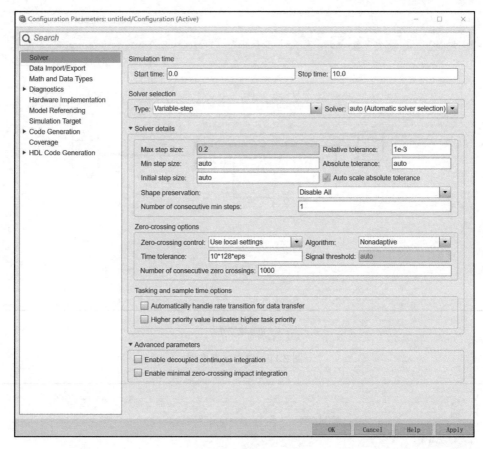

图 2.10　模型参数配置

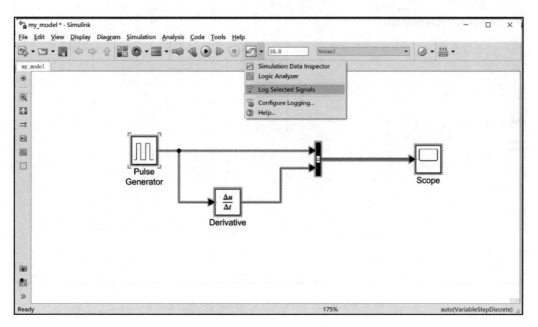

(a)在下拉菜单中选择 Log Selected Signals 选项

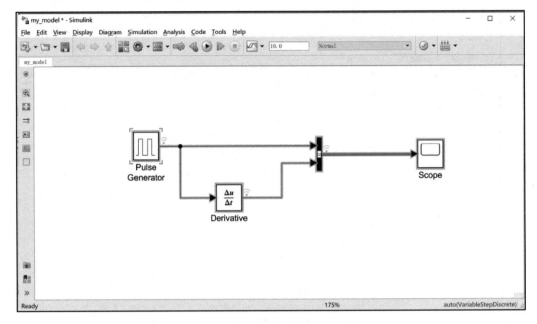

(b) 仿真模型界面

图 2.11 建立仿真模型

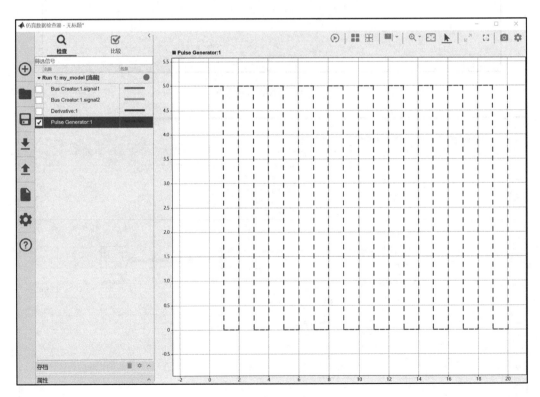

(a) Scope 显示脉冲信号的振幅为 5，周期为 2s，脉冲宽度为 1

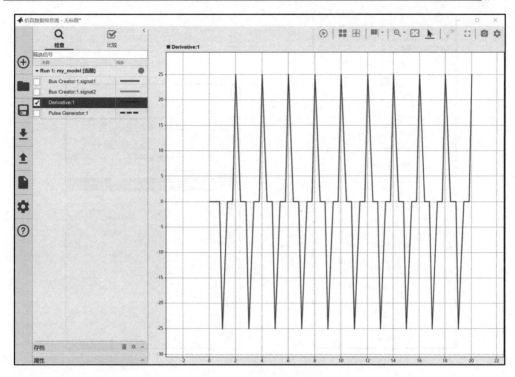

(b) Scope 显示脉冲微分信号

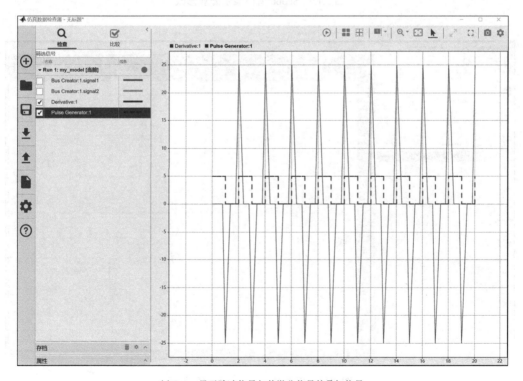

(c) Scope 显示脉冲信号与其微分信号的叠加信号

图 2.12 脉冲信号及生成的微分信号

(a)

(b)

图 2.13　Scope 窗口显示外观修改

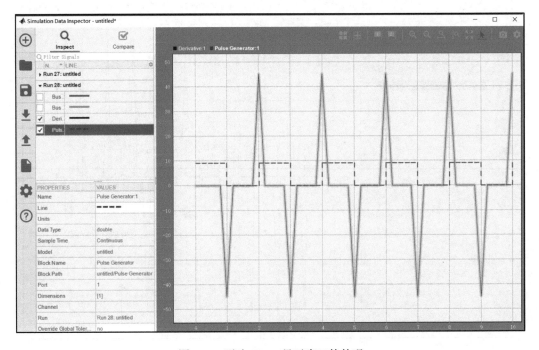

图 2.14　更改 Scope 显示窗口的外观

2.2　Simulink 模块库

Simulink 交互式图形化开发环境强大的建模、仿真功能得益于它带有的大量预定义模块。MATLAB 2017b/Simulink 9.0 包含非常丰富的模块，它们分属于不同的模块库，除了 Simulink 通用模块库外，还包括数字信号处理系统工具箱(DSP System Toolbox)、通信系统工具箱(Communications System Toolbox)、控制系统工具箱(Control System Toolbox)等专业领域的模块库。

2.2.1　Simulink 通用模块库

目前，Simulink 通用模块库包含 17 个模块组，除了常用模块组(Commonly Used Blocks)外，还有连续(Continuous)模块组、离散(Discrete)模块组、数学运算(Math Operations)模块组、信号源(Sources)模块组、信号路由(Signal Routing)模块组、信宿(Sinks)模块组、用户自定义函数(User-Defined Functions)模块组等。值得注意的是，有的模块可能归属于不同的模块组。

(1)常用模块组包含 23 个 Simulink 建模最常用的通用模块。例如，总线生成器(Bus Creator)、总线选择器(Bus Selector)、积分器(Integrator)、乘积(Product)、求和(Sum)、多路器(Mux)、去多路器(Demux)、可视化仪(Scope)等模块，如图 2.15 所示。

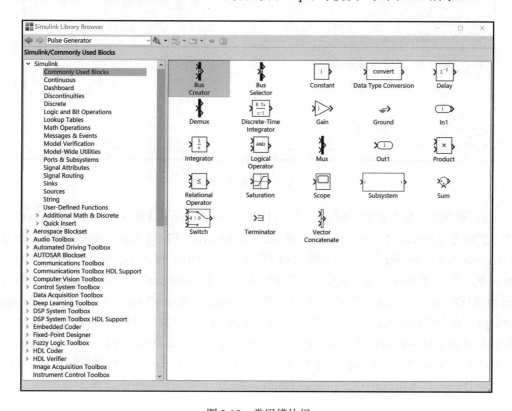

图 2.15　常用模块组

（2）连续模块包括 16 个模块：微分（Derivative）、状态空间描述符（Descriptor State-Space）、 实体传输延迟（Entity Transport Delay）、一阶保持（First Order Hold）、积分器（Integrator）、二阶积分器（Integrator, Second-Order）、幅度受限二阶积分器（Integrator, Second-order Limited）、 幅度受限积分器（Integrator Limited）、 PID 控制器（PID Controller）、二自由度 PID 控制器（PID Controller（2DOF））、状态空间模块（State-Space）、传递函数（Transfer Fcn）、传输延迟（Transport Delay）、可变时延（Variable Time Delay）、可变传输延迟（Variable Transport Delay）、零极点（Zero-Pole），如图 2.16 所示。

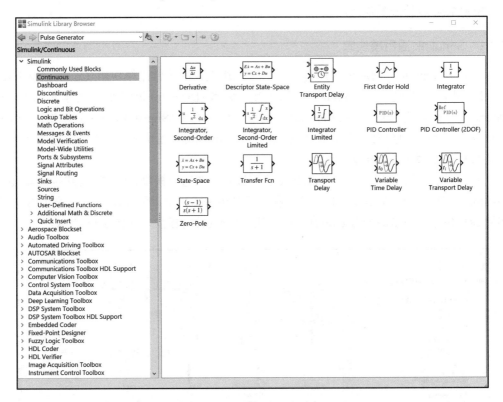

图 2.16　连续模块组

（3）离散模块包括延迟（Delay）、差分（Difference）、离散微分（Discrete Derivative）、离散滤波器（Discrete Filter）、离散 FIR 滤波器（Discrete FIR Filter）、离散 PID 控制器（Discrete PID Controller）、二自由度离散 PID 控制器（Discrete PID Controller（2DOF））、离散状态空间（Discrete State-Space）、离散时间积分器（Discrete-Time Integrator）、离散传递函数（Discrete Transfer Fcn）、离散零极点（Discrete Zero-Pole）、 使能延迟（Enabled Delay）、存储（Memory）、可重置延迟（Resettable Delay）、抽头延迟（Tapped Delay）、一阶传递函数（Transfer Fcn First Order）、超前或滞后传递函数（Transfer Fcn Lead or Lag）、实零点传递函数（Transfer Fcn Real Zero）、单位延迟（Unit Delay）、可变整数延迟（Variable Integer Delay）、零阶保持（Zero-Order Hold），共 21 个模块，如图 2.17 所示。

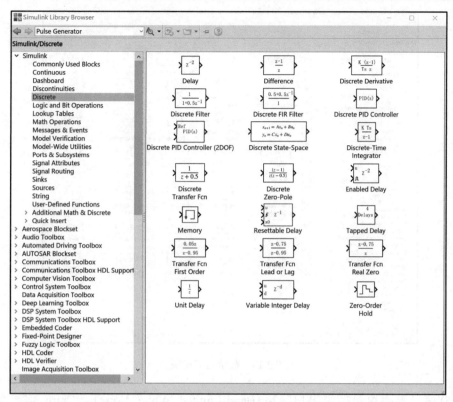

图 2.17 离散模块

（4）数学运算模块包括绝对值（Abs）、加法（Add）、代数约束求解（Algebraic Constraint）、值分配（Assignment）、偏置（Bias）、复数到幅度-角度转换（Complex to Magnitude-Angle）、复数到实部-虚部转换（Complex to Real-Imag）、除法（Divide）、点乘（Dot Product）、查找非零元素（Find Nonzero Elements）、增益（Gain）、幅度-角度到复数转换（Magnitude-Angle to Complex）、数学函数（Math Function）、矩阵连接（Matrix Concatenate）、最大最小（MinMax）、运行可重置最大最小（MinMax Running Resettable）、维度互换（Permute Dimensions）、多项式（Polynomial）、乘积（Product）、元素乘（Product of Elements）、实部-虚部到复数转换（Real-Imag to Complex）、平方根倒数（Reciprocal Sqrt）、维度改变（Reshape）、取整函数（Rounding Function）、符号函数（Sign）、有符号平方根（Signed Sqrt）、正弦波函数（Sine Wave Function）、滑块增益（Slider Gain）、平方根（Sqrt）、单一维度挤压（Squeeze）、减法（Subtract）、求和（Sum）、元素和（Sum of Elements）、三角函数（Trigonometric Function）、一元取负（Unary Minus）、向量连接（Vector Concatenate）、加权采样时间数学运算（Weighted Sample Time Math）共 37 个模块，如图 2.18 所示。

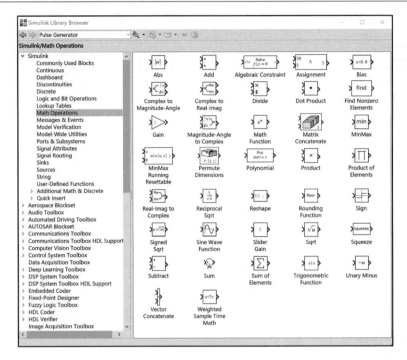

图 2.18　数学运算模块

（5）信号源模块包括带限白噪声（Band-Limited White Noise）、Chirp 信号（Chirp Signal）、时钟（Clock）、常量（Constant）、自由运行计数器（Counter Free-Running）、受限计数器（Counter Limited）、数字时钟（Digital Clock）、枚举常量（Enumerated Constant）、源自文件（From File）、源自表单（From Spreadsheet）、源自工作空间（From Workspace）、接地（Ground）、总线单元（In Bus Element）、输入口（In1）、脉冲发生器（Pulse Generator）、斜坡信号（Ramp）、随机数（Random Number）、重复序列（Repeating Sequence）、重复插值序列（Repeating Sequence Interpolated）、重复阶梯序列（Repeating Sequence Stair）、信号构建器（Signal Builder）、信号编辑器（Signal Editor）、信号发生器（Signal Generator）、正弦波（Sine Wave）、阶梯波（Step）、均匀分布随机数（Uniform Random Number）、波形发生器（Wave form Generator）共 27 个模块，如图 2.19 所示。

（6）信号路由模块包括 28 个模块：总线单元输入（Bus Element In）、总线单元输出（Bus Element Out）、总线分配（Bus Assignment）、总线生成器（Bus Creator）、总线选择器（Bus Selector）、数据存储区（Data Store Memory）、数据存储区读（Data Store Read）、数据存储区写（Data Store Write）、去多路器（Demux）、环境控制器（Environment Controller）、源自（From）、传送至（Goto）、传送标签可视（Goto Tag Visibility）、索引向量（Index Vector）、手动开关（Manual Switch）、手动可变信宿（Manual Variant Sink）、手动可变信源（Manual Variant Source）、合并（Merge）、多口开关（Multiport Switch）、多路器（Mux）、参数写入器（Parameter Writer）、选择器（Selector）、状态读取器（State Reader）、状态写入器（State Writer）、开关（Switch）、可变信宿（Variant Sink）、可变信源（Variant Source）、向量连接（Vector Concatenate），如图 2.20 所示。

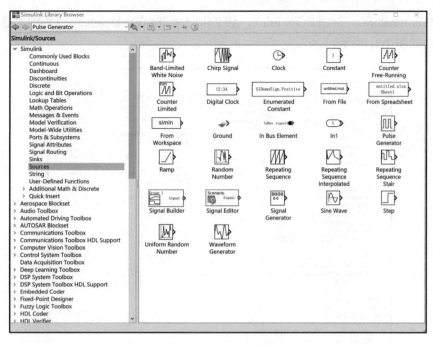

图 2.19　信号源模块

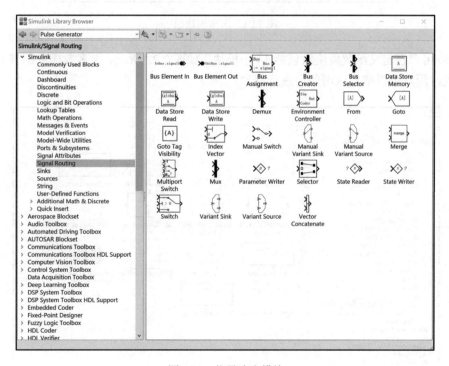

图 2.20　信号路由模块

(7)信宿模块包括 10 个模块：显示(Display)、浮点示波器(Floating Scope)、输出总线单元(Out Bus Element)、输出接口(Out1)、示波器(Scope)、停止仿真(Stop Simulation)、

终止器(Terminator)、至文件(To File)、至工作空间(To Workspace)、XY 图形显示(XY Graph)，如图 2.21 所示。

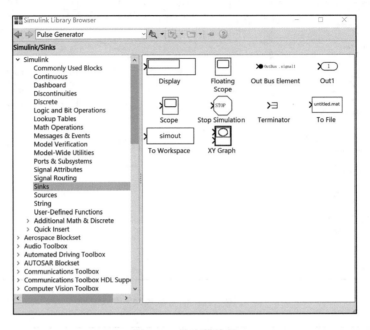

图 2.21　信宿模块组

(8)用户自定义函数模块组包括 14 个模块，如图 2.22 所示。大多数模块都有若干参数设置，用户可以依据应用条件进行修改。

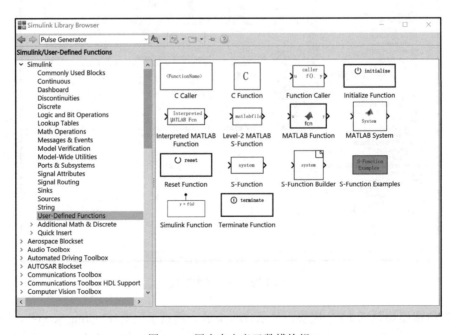

图 2.22　用户自定义函数模块组

2.2.2　数字信号处理系统工具箱模块库

数字信号处理系统工具箱(DSP System Toolbox)模块库由数据流(Dataflow)信号估计(Estimation)、滤波(Filtering)、数学函数(Math Functions)、量化器(Quantizers)、信号管理(Signal Management)、信号运算(Signal Operations)、信宿(Sinks)、信源(Sources)、统计(Statistics)和变换(Transforms)十大类模块组成，如图 2.23 所示。

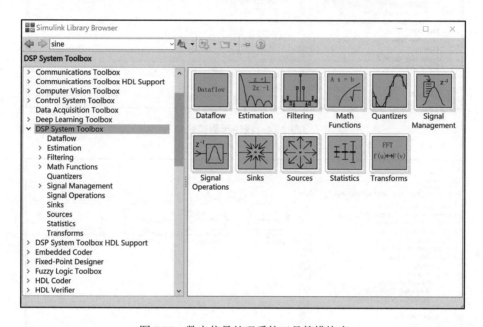

图 2.23　数字信号处理系统工具箱模块库

信号估计模块由线性预测(Linear Prediction)、参数估计(Parameter Estimation)和功率谱估计(Power Spectrum Estimation)三类模块组成。线性预测包括自相关线性预测系数(Autocorrelation LPC)、Levinson-Durbin 递推(Levinson-Durbin)、线性预测系数到线谱频率/线谱对转换(LPC to LSF/LSP Conversion)、线性预测系数与倒谱系数互相转换(LPC to/from Cepstral Coefficients)、线性预测系数和反射系数互相转换(LPC to/from RC)、线性预测系数/反射系数转换为自相关(LPC/RC to Autocorrelation)、线谱频率/线谱对到预测系数转换(LSF/LSP to LPC Conversion)，一共 7 个模块，如图 2.24 所示。

(1)参数估计包括 Burg 自回归估计器(Burg AR Estimator)、协方差自回归估计器(Covariance AR Estimator)、修正的协方差自回归估计器(Modified Covariance AR Estimator)、Yule-Walker 自回归估计器(Yule-Walker AR Estimator)4 个模块，如图 2.25 所示。

(2)功率谱估计包括 Burg 方法(Burg Method)、协方差方法(Covariance Method)、互谱估计器(Cross-Spectrum Estimator)、离散传递函数估计器(Discrete Transfer Function Estimator)、幅度快速傅里叶变换(Magnitude FFT)、修正的协方差方法(Modified

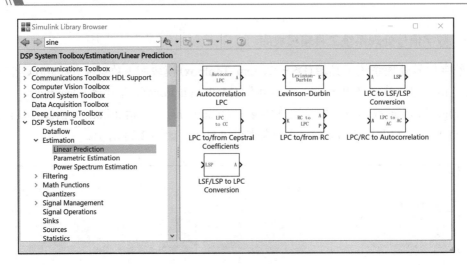

图 2.24　线性预测模块

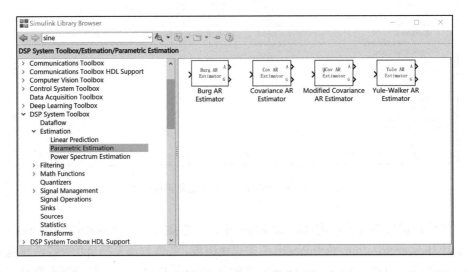

图 2.25　参数估计模块

Covariance Method)、周期图法(Periodogram)、谱估计器(Spectrum Estimator)和 Yule-Walker 方法(Yule-Walker Method)，一共 9 个模块，如图 2.26 所示。

（3）滤波器功能由自适应滤波器(Adaptive Filters)、滤波器设计(Fiter Designs)、滤波器实现(Filter Implementations)、多速率滤波器(Multirate Filters)4 类模块组成，如图 2.27 所示。自适应滤波器模块包括分块最小均方滤波器(Block LMS Filter)、快速分块最小均方滤波器(Fast Block LMS Filter)、频域自适应滤波器(Frequency-Domain Adaptive Filter)、卡尔曼滤波器(Kalman Filter)、最小均方滤波器(LMS Filter)、最小均方更新(LMS Update)和递推最小二乘滤波器(RLS Filter)，一共 7 个模块，如图 2.28 所示。

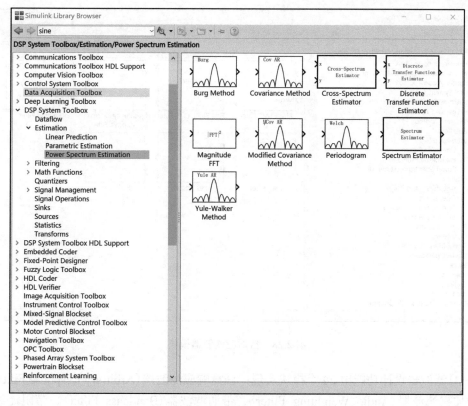

图 2.26　功率谱估计模块

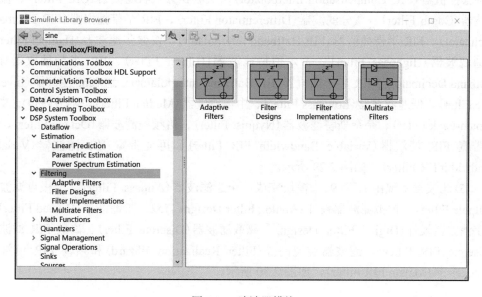

图 2.27　滤波器模块

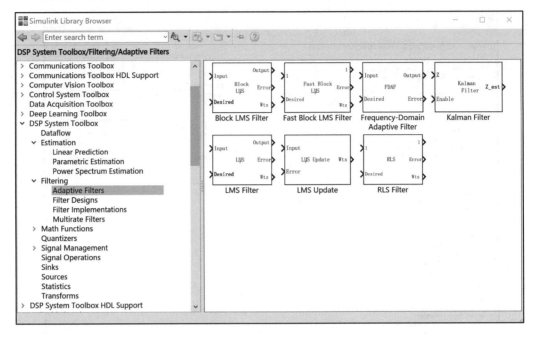

图 2.28　自适应滤波器模块

（4）滤波器设计功能由 24 个模块实现：任意响应滤波器（Arbitrary Response Filter）、音频加权滤波器（Audio Weighting Filter）、带通滤波器（Bandpass Filter）、带阻滤波器（Bandstop Filer）、级联积分梳状补偿抽取器（CIC Compensation Decimator）、级联积分梳状补偿插值器（CIC Compensation Interpolator）、级联积分梳状滤波器（CIC Filter）、梳状滤波器（Comb Filter）、微分滤波器（Differentiator Filter）、FIR 半带抽取器（FIR Halfband Decimator）、FIR 半带插值器（FIR Halfband Interpolator）、汉佩尔滤波器（Hampel Filter）、高通滤波器（Highpass Filter）、希尔伯特滤波器（Hilbert Filter）、IIR 半带抽取器（IIR Halfband Decimator）、IIR 半带插值器（IIR Halfband Interpolator）、逆 Sinc 滤波器（Inverse Sinc Filter）、低通滤波器（Lowpass Filter）、中值滤波器（Median Filter）、陷波峰值滤波器（Notch-Peak Filter）、奈奎斯特滤波器（Nyquist Filter）、倍频程滤波器（Octave Filter）、可变带宽 FIR 滤波器（Variable Bandwidth FIR Filter）和可变带宽 IIR 滤波器（Variable Bandwidth IIR Filter），如图 2.29 所示。

（5）滤波器实现由如下 9 个模块完成：全通滤波器（Allpass Filter）、全极点滤波器（Allpole Filter）、模拟滤波器设计（Analog Filter Design）、双二阶滤波器（Biquad Filter）、数字滤波器设计（Digital Filter Design）、离散滤波器（Discrete Filter）、离散 FIR 滤波器（Discrete FIR Filter）、滤波器实现向导（Filter Realization Wizard）和频域 FIR 滤波器（Frequency-Domain FIR Filter），如图 2.30 所示。

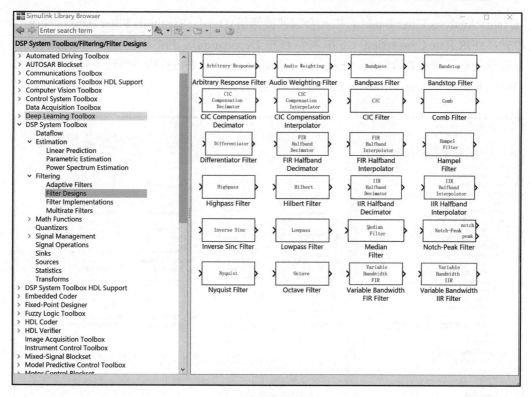

图 2.29　滤波器设计模块

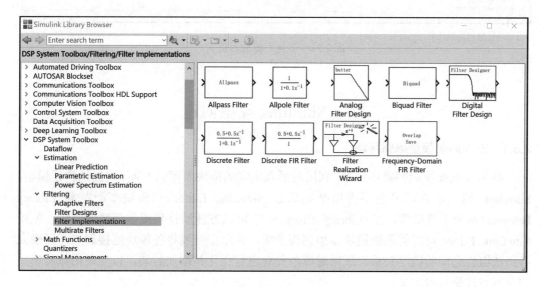

图 2.30　滤波器实现模块

（6）多速率滤波器可由如下 12 个模块实现：通道合成器（Channel Synthesizer）、通道生成器（Channelizer）、级联积分梳状抽取（CIC Decimation）、级联积分梳状插值（CIC Interpolation）、复数带通抽取器（Complex Bandpass Decimator）、二元分析滤波器组

（Dyadic Analysis Filter Bank）、二元合成滤波器组（Dyadic Synthesis Filter Bank）、FIR 速率转换（FIR Rate Conversion）、FIR 抽取（FIR Decimation）、FIR 插值（FIR Interpolation）、双通道分析子带滤波器（Two-Channel Analysis Subband Filter）和双通道子带合成滤波器（Two-Channel Synthesis Subband Filter），如图 2.31 所示。

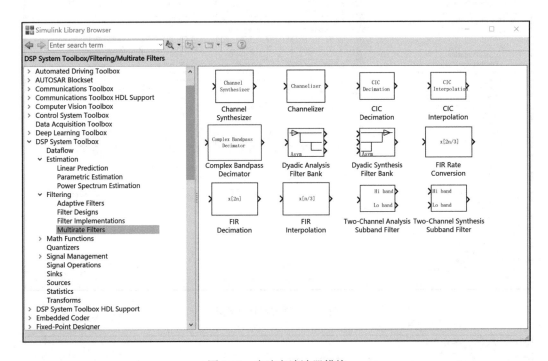

图 2.31　多速率滤波器模块

2.3　Simulink 模型创建

2.3.1　Simulink 模型编辑环境

在 Simulink 模型编辑环境中，利用前面预定义的模块库可以方便、快速地构建模型。Simulink 模型编辑环境主要由模型编辑器（Simulink Editor）和模块库浏览器（Library Browser）两个工具组成。在 Library Browser 中可以方便地找到模型需要的模块，使用 Simulink Editor 可将需要的模块添加到模型中，并用信号线将各模块连接起来，以确立各系统组件之间的数学关系。还可对模型外观进行优化并添加封装，以便对用户与模型的交互方式进行自定义。

Simulink Editor 是一个直观的模型构建工具，它除了具有向量图形编辑器处理模块图的标准方法外，还提供了添加和连接模块的快捷方式，允许用户使用访问和执行技术操作（例如，导入数据、仿真模型、分析模型性能等）所需的工具。

Simulink Editor 提供了命令菜单和快捷方式工具栏，用于执行常见的操作或打开工具。当我们将光标悬停在工具栏按钮上时，将会显示工具提示。命令还出现在上下文菜单上。当我们右击编辑器中的某个模型元素或空白区域时，将出现上下文菜单。例如，鼠标右击某个模块，菜单中将显示与模块操作有关的命令，如剪贴板和对齐操作。有些命令只出现在上下文菜单中。

2.3.2 模型创建与编辑

本节通过一个实例介绍创建模型、向模型中添加模块、连接模块以及仿真模型的基本过程。在该模型中，输入信号为阶跃信号，执行的操作为增益运算(通过乘法增加信号值)，运算结果输出到一个 Scope 窗口。

一个模型至少要接收一个输入信号，然后对该信号进行处理，最后输出处理结果。模型中的每个模块都有一个名称，Simulink Editor 默认自动隐藏模块名称，当用鼠标选中模块时则会显示模块名称。若需要始终显示模块名称，则在 Simulink Editor 菜单 Display 下不勾选"Hide Automatic Names"选项。如果一个模型中包含多个相同模块，如 Gain 模块，则首先添加的 Gain 模块名称为 Gain，后面添加的 Gain 模块依次命名为 Gain1、Gain2 等。

(1)启动模型编辑器 Simulink Editor。在 MATLAB 主页选项卡中单击 Simulink，或在 MATLAB 命令窗口输入 simulink 并按 Enter 键，进入启动页 Simulink Start Page。在启动页单击 Blank Model 模板，进入模型编辑器 Simulink Editor，创建一个基于模板的新模型，默认名称为 untitled。单击 Save 按钮保存新模型，修改新模型名称为 Second_Model，文件后缀名为.slx。在 Simulink Editor 中单击 Library Browser 按钮，打开 Simulink 模块库浏览器，可访问或查找创建模型需要的模块。

(2)在新模型中添加模块。在 Simulink Library Browser 的树结构视图中，单击 Sources 按钮，打开信号源库，在右边窗格中，找到阶跃信号模块 Step。可以用两种方式将该模块添加到 Second_Model 模型中：一是选中 Step 模块并拖拽到模型中再释放，二是右击 Step 模块，选中 Add block to model Second_Model 选项。同样地，在 Math Operations 库中找到 Gain 模块，在 Sinks 库中找到 Scope 模块。用上述方法依次将这两个模块添加到 Second_Model 模型中。

(3)对齐和连接模块。添加模块之后，需要用信号线将模块连接起来，在模型元素之间建立关系，这是模型正常工作所需要的。在连接之前，通常需要将模块对齐，这样模型看起来很清楚。我们可根据模块之间的交互方式，采用快捷方式对齐和连接模块。具体操作如下：拖动 Gain 模块，使其与 Step 模块对齐。当两个模块水平对齐时，将出现一条对齐参考线。释放模块，此时将出现一个蓝色箭头，作为建议连接线的预览。单击箭头的末端接受该连接线，此时参考线将变成一条黑色实线。采用同样的方法，将 Scope 模块与 Gain 模块对齐并连接起来。选择模块时将显示模块名称。对齐和连接模块如图 2.32 所示。

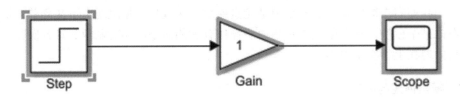

图 2.32　对齐和连接模块

(4) 设置模型参数。每个模块都有默认的参数和属性,大多数模块上的参数都是可以修改的,修改默认参数可以指定模块如何在模型中工作。Simulink 有两种方式设置模块参数,最简单的方式是双击模块,弹出模块参数对话框,使用对话框来设置参数。另一种方式是使用 Property Inspector 设置参数,以设置阶跃信号的幅值和增益值为例,具体操作为:选择 View > Property Inspector。在模型编辑器 Simulink Editor 右边显示 Property Inspector 对话框。选择查看参数(Parameters),并在左边窗格中选择 Step 模块,在 Property Inspector 中显示该模块的参数。可以看到阶跃时长(Step time)参数默认值为 1,对其修改设置为 5。同样,在左边窗格中选择增益(Gain)模块,其增益(Gain)默认值也为 1,将 Gain 参数修改设置为 4,模块上将显示新设置的增益值,如图 2.33 所示。

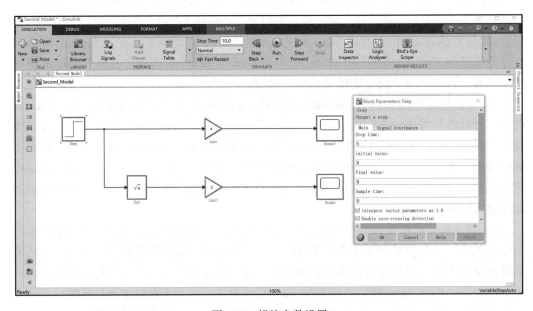

图 2.33　模块参数设置

(5) 添加更多模块。根据模型功能需要,增加一个计算信号开方的模块、一个增益模块和一个显示模块。在模型中增加新模块,除了前述方法外,这里介绍一些其他方法。如果知道要添加模块的名称,可以使用快捷方式。双击欲添加模块的位置出现一个搜索框,在搜索框中键入模块的名称,如输入 Gain,此时将显示一个可能的模块列表。单击想要的模块名称,添加新的 Gain 模块,同时激活 Property Inspector 对话框,提示输入 Gain 值,键入 2 并按 Enter 键。接着添加一个 Sqrt 模块。假定不知道模块在哪个库中,也不知道模块的完整名称,此时可以使用模块库浏览器 Library Browser 中的搜索框进行搜索。在搜索框中输入 sqrt 并按 Enter 键。当找到 Sqrt 模块后,将其添加到新 Gain 模块的左侧。最后,添加另一个 Scope 模块。右击并拖动现有的 Scope 模块为其创建一个副本,或选择 Edit > Copy 和 Edit > Paste。至此,模型所需的六个模块全部添加完毕。将新添加的三个模块水平对齐,还可与第一组模块进行垂直对齐,并用信号线将它们连接起来。

(6)建立信号分支线。第二个 Gain 模块的输入是 Step 模块输出的开方值。要使用一个 Step 模块作为两个增益运算的输入,需要从 Step 模块的输出端口创建一条连接 Sqrt 模块的分支线。当光标悬停在 Step 模块的输出信号线上时,按住 Ctrl 键并向下拖动分支线,直到末端靠近 Sqrt 模块为止。建立分支线的另一种方式是,右击 Step 模块输出信号线的分支点位置,同时拖动分支线直到 Sqrt 模块输入端口。

我们还可以对信号线进行命名,一种方法是双击要命名的信号线,然后在信号线下方的提示框内输入信号线名称。例如,将 Gain 模块与 Scope 模块之间的信号线命名为Scope1。Gain1 模块与 Scope1 模块之间的信号线命名为 Scope2。至此,一个完整的新模型建立起来,如图 2.34 所示。

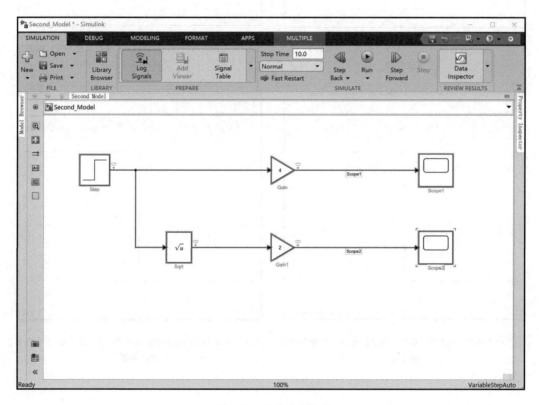

图 2.34　对信号线命名

(7)模型仿真。当新模型建立完成后,我们可以对模型进行仿真,查看输出结果,确定模型是否满足设计要求。单击模型编辑器 Simulink Editor 上方的"运行(Run)"按钮,或选择 Simulation > Run 命令（Ctrl+T），对 Scend_Model 进行仿真。通过双击两个 Scope 模块，可以查看仿真结果如图 2.35(a)～(e)所示。

（8）修改信号属性值：阶跃信号幅值设置为 16，增益保持不变。修改阶跃信号属性后的结果如图 2.36 所示。

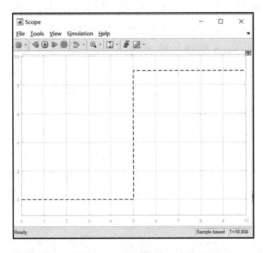

(a)该阶跃信号在时刻为 5 的时候发生阶跃，幅值为 9，信号宽度为 10

(b)开方后的阶跃信号：阶跃时刻和宽度保持不变，幅值变为 3

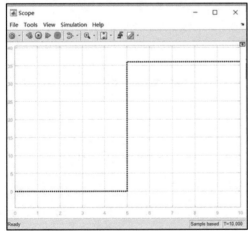

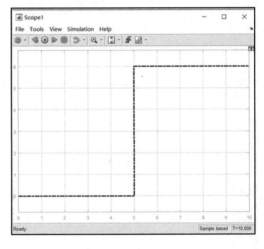

(c)进行 4 倍增益后的阶跃信号：幅值变为 36，其余参数保持不变

(d)开方后进行 2 倍增益的阶跃信号：幅值变为 6，其余参数保持不变

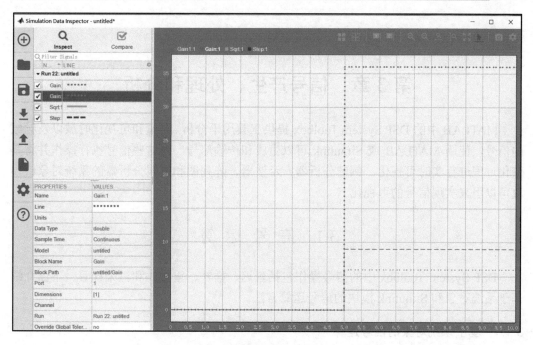

(e) 四种信号同时显示

图 2.35　仿真结果

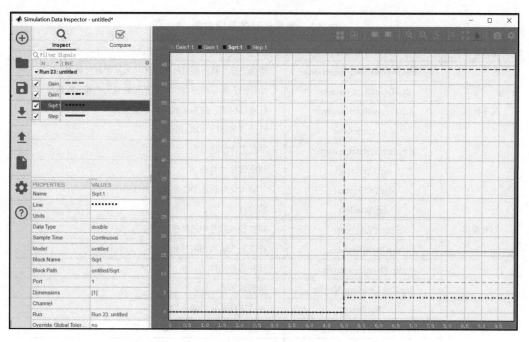

图 2.36　修改阶跃信号属性后的结果

第3章 信号产生、处理和分析

　　MATLAB 中的 DSP System Toolbox 提供工具用于分析、测量和可视化时域以及频域的信号，使用 MATLAB 或 Simulink 可以生成和传输信号，对这些信号执行操作并将其变化过程进行实时可视化。频谱分析器、示波器、阵列图和逻辑分析器的系统对象或模块可以用来实现信号的可视化。

3.1　信　号　运　算

　　DSP System Toolbox 中的信号操作包括延迟、插补、重排序和重采样等。下面介绍基于系统对象和 Simulink 模块的信号运算方法。

3.1.1　基于系统对象的信号运算

　　表 3.1 列出了 DSP 系统工具包中实现信号运算的系统对象，包括速率转换、信号操作、延迟等功能。

表 3.1　信号运算的系统对象

系统对象类别	系统对象名称	功能说明
速率转换	dsp.DigitalDownConverter	将数字信号从中频(IF)频段转换为基带并对其进行采样
	dsp.DigitalUpConverter	插补插入数字信号并将其从基带转换为中频(IF)频段
	dsp.FarrowRateConverter	任意转换因子的多项式采样率变换器
	dsp.Interpolator	线性或多相位 FIR 插值
	dsp.SampleRateConverter	多级采样率转换器
信号操作	dsp.Convolver	两个信号的卷积
	dsp.DCBlocker	从输入信号阻断 DC 分量
	dsp.Window	窗口对象
	dsp.PeakFinder	识别输入信号中的峰值
	dsp.PhaseExtractor	提取复杂输入的展开相位
	dsp.PhaseUnwrapper	展开信号相位
	dsp.ZeroCrossingDetector	检测过零点
延迟	dsp.Delay	用固定样本延迟输入信号
	dsp.VariableFractionalDelay	通过采样周期的时变分数延迟输入
	dsp.VariableIntegerDelay	通过采样周期的时变整数延迟输入

　　下面以系统对象 dsp.Convolver 介绍信号运算的方法。

　　dsp.Convolver 系统对象用于计算两个信号的卷积，有以下两种创建方法。

（1）cnv=dsp.Convolver;

创建一个卷积系统对象 cnv，用于在时域或频域中对两个输入进行卷积。

（2）cnv=dsp.Convolver（Name,Value）;

创建一个卷积系统对象 cnv，并将每个指定的属性设置为指定的值，将每个属性名称括在单引号中。

使用创建对象的语句创建对象后，需要使用以下语句来调用该对象：

cnvOut=cnv（input1, input2）;

将两个输入 input1 和 input2 沿第一维计算卷积，并返回卷积输出 cnvOut。

在创建 dsp.Convolver 系统对象的过程中需要使用到的参数属性如表 3.2 所示。

表 3.2　dsp.Convolver 系统对象参数属性

参数名称	含义	可选参数
dsp.Convolver	用于计算卷积的域	'Time Domain'（default）| 'Frequency Domain' | 'Fastest'
FullPrecisionOverride	定点算术的全精度覆盖	true（default）| false
RoundingMethod	舍入方法	'Floor'（default）| 'Ceiling' | 'Convergent' | 'Nearest' | 'Round' | 'Simplest' | 'Zero'
OverflowAction	溢出动作	'Wrap'（default）| 'Saturate'
AccumulatorDataType	累加器数据类型	'Full precision'（default）| 'Custom' | 'Same as first input' | 'Same as product'
OutputDataType	输出数据类型	'Same as accumulator'（default）| 'Custom' | 'Same as first input' | 'Same as product'

【例 3.1】　卷积两个矩形序列。生成矩形序列，并计算其卷积。

```
conv = dsp.Convolver;          %创建一个dsp.Convolver对象
x = ones(17,1);
y = conv(x,x);                 %卷积两个矩形序列
stem(y);                       % 按茎状形式绘图
title('Triangle Series');
```

仿真结果如图 3.1 所示。

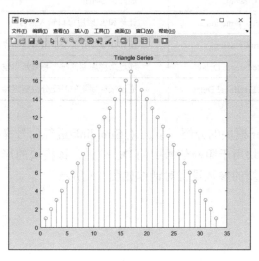

图 3.1　卷积两个矩形序列所生成的三角形序列

3.1.2 基于 Simulink 模块的信号运算

信号运算也可以利用 Simulink 模块来进行操作,表 3.3 是信号运算的 Simulink 模块,包括速率转换、信号操作、延迟的模块功能。

表 3.3 信号运算 Simulink 模块

模块类别	模块名称	功能说明
速率转换	Downsample	通过删除样本以较低的速率重新采样输入
	Digital Down-Converter	将数字信号从中频(IF)频段转换为基带并对其进行采样
	Digital Up-Converter	将数字信号从基带转换为中频(IF)频段并对其进行采样
	Farrow Rate Converter	任意转换因子的多项式采样率变换器
	Interpolation	实输入样本的插值
	Repeat	通过重复值以更高的速率重新采样输入
	Sample and Hold	采样并保持输入信号
	Sample-Rate Converter	多级采样率转换
	Upsample	通过插入零以更高的速率重新采样输入
信号操作	Convolution	两个输入的卷积
	DC Blocker	阻断 DC 分量
	Detrend	从向量移除线性趋势
	Offset	通过移除或保持起始值或结束值来截断向量
	Pad	填充或截断指定的维度
	Peak Finder	确定输入信号的每个值是否为局部最小值或最大值
	Phase Extractor	提取复杂输入的展开相位
	Unwrap	展开信号相位
	Window Function	计算和/或应用窗口输入信号
	Zero Crossing	统计在单个时间步中信号过零点的次数
延迟	Variable Integer Delay	通过采样周期的时变整数延迟输入
	Variable Fractional Delay	通过采样周期的时变分数延迟输入

通过对 DC Blocker 模块的介绍了解应用 Simulink 进行信号操作的方法。

(1)DC Blocker 模块用于阻断信号中的 DC 分量,该模块的形状如图 3.2 所示。

(2)DC Blocker 模块的参数设置对话框如图 3.3 所示。

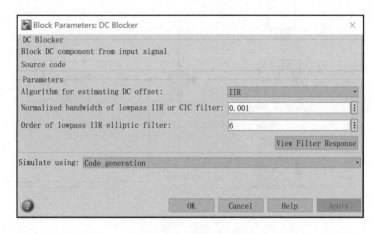

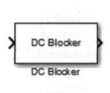

图 3.2　DC Blocker 模块　　　　　　　图 3.3　DC Blocker 模块参数设置对话框

（3）DC Blocker 模块的主要参数及功能如表 3.4 所示。

表 3.4　DC Blocker 模块的主要参数说明

参数名称	功能说明
Algorithm for estimating DC offset	指定用于估计 DC 偏移的算法。可选项包括 IIR、FIR、CIC、Subtract mean。选择 IIR 使用基于窄的低通椭圆滤波器的递归估计，该算法比 FIR 占用更少的存储器，更有效；选择 FIR 使用非递归的滑动平均估计；使用不作任何乘法器的低通滤波器，如果选择 CIC，输入数据必须是定点数据；计算输入矩阵的列的平均值，并从输入中减去平均值
Normalized bandwidth of lowpass IIR or CIC filter	将归一化滤波器带宽指定为大于 0 且小于 1 的实数标量，仅当估计算法设置为 IIR 或 CIC 时，DC Blocker 模块才使用此参数
Order of lowpass IIR elliptic filter	将过滤器阶数指定为大于 3 的整数，仅当估算算法设置为 IIR 时，DC Blocker 模块才使用此参数
Number of past input samples for FIR algorithm	将估计算法设置为 FIR 时，将要使用的样本数指定为正整数
View Filter Response	打开 fvtool 并显示 DC Blocker 模块的幅度响应，该响应基于模块的参数，对这些参数所做的更改会更新 fvtool
Simulate using	选择模拟类型为 Code generation（default）或 Interpreted execution

【例 3.2】　使用 DC Blocker 阻断信号的直流分量。此示例显示如何使用 DC Blocker 阻断信号的 DC 分量。

（1）通过在 MATLAB 命令提示符下键入 ex_dc_blocker 来加载 DC Blocker 模型。该模型如图 3.4 所示。

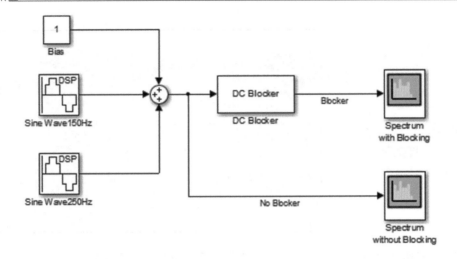

图 3.4 ex_dc_blocker 模型

（2）DC Blocker 模块中选择 IIR 方法的设置对话框如图 3.5 所示。

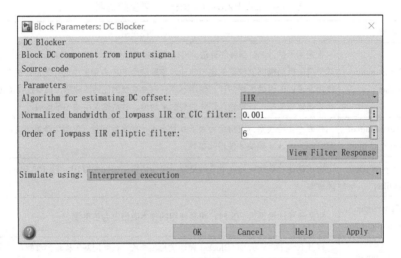

图 3.5 DC Blocker 模块中选择 IIR 方法的设置对话框

在该模型中，将两个正弦波源设置为每帧使用 1000 个样本。运行模拟，输入信号的频谱显示 150 Hz 和 250 Hz 的峰值以及显著（0 dBW）的 DC 分量。使用 DC Blocker 估计算法的默认的 IIR 设置，150 Hz 和 250 Hz 的频率不受影响，而 DC 分量衰减 30 dB，分别如图 3.6 和图 3.7 所示。

（3）通过双击 DC Blocker 模块，并在弹出的参数设置窗口中将算法类型从 IIR 更改为 Subtract mean，如图 3.8 所示。重新运行模型，DC Blocker 输出的频谱表明，Subtract mean 方法会导致 DC 分量小于–100 dBW，如图 3.9 所示。

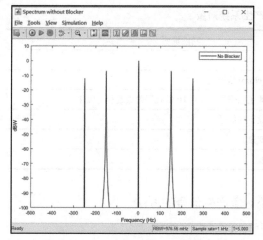

图 3.6　未执行直流衰减的信号

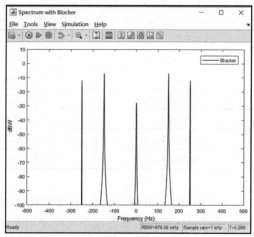

图 3.7　直流衰减 30dB 的信号

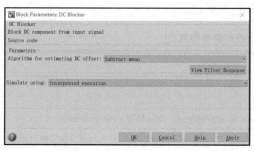

图 3.8　DC Blocker 模块中选择 Subtract mean 方法
　　　　的设置对话框

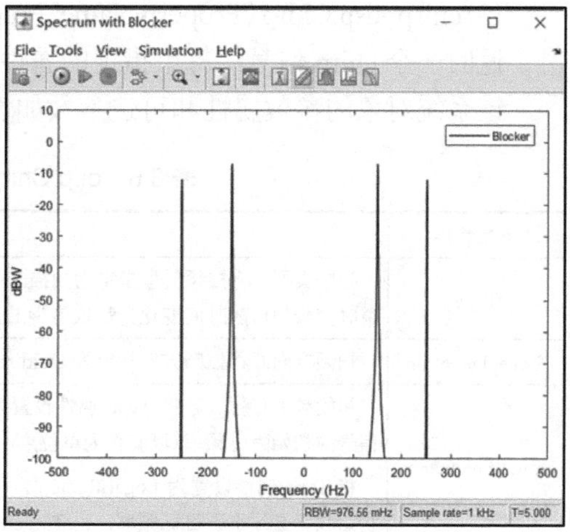

图 3.9　直流衰减 100dB 的信号

通过上述示例，可以看出，DC Blocker 模块的频谱输出是被阻断了 DC 分量的，而输入信号的频谱显示则是没有阻断 DC 分量的。

3.2　信 号 产 生

在 DSP System Toolbox 中，提供了系统对象和 Simulink 仿真模块生成信号，包括基本信号和复杂的信号都可以按照一定的设置来生成。

3.2.1　基于系统对象的信号产生

表 3.5 列出了信号产生系统对象。

表 3.5　信号产生系统对象

信号产生系统对象	功能说明
dsp.ColoredNoise	生成有色噪声信号
dsp.Chirp	生成扫频余弦(chirp)信号
dsp.HDLNCO	生成实数或复数正弦信号,针对 HDL 代码生成进行了优化
dsp.NCO	生成实数或复数正弦信号
dsp.SignalSource	从工作区导入变量
dsp.SineWave	生成离散正弦波

以 dsp.Chirp 系统对象为例介绍应用系统对象产生信号的方法。

dsp.Chirp 系统对象有以下两种使用方法。

(1) chirp=dsp.Chirp;

返回具有单位幅度的 chirp 信号。

(2) chirp=dsp.Chirp('PropertyName',PropertyValue,...);

返回一个 chirp 信号,每个指定的属性设置为指定的值。

该系统对象的参数属性和可选参数如表 3.6 所示。

表 3.6　dsp.Chirp 系统对象参数属性

参数名称	功能说明
Type	扫频类型。将扫频类型指定为扫描 Sweptcosine、LinearLoga、rithmic 或 Quadratic,此属性指定输出瞬时扫频如何随时间变化,默认值为 Linear
SweepDirection	扫频方向。将扫描方向指定为 Unidirectional 或 Bidirectional,默认值为 Unidirectional
InitialFrequency	初始频率(赫兹)。将 Type 属性设置为 Linear、Quadratic 或 Logarithmic 时,此属性指定输出 chirp 信号的初始瞬时频率(以赫兹为单位)。 将 Type 属性设置为 Logarithmic 时,此属性的值比扫频的实际初始频率小 1。此外,在该属性下,初始频率必须小于目标频率,由 TargetFrequency 属性指定,此属性是可调的,默认值为 1000
TargetFrequency	目标频率(赫兹)。将 Type 属性设置为 Linear、Quadratic 或 Logarithmic 时,此属性指定在目标时间内以赫兹为单位的输出信号的瞬时频率。 将 Type 属性设置为 Swept cosine 时,指定目标频率在目标时间的一半时输出的瞬时频率。此外,在该属性下,目标频率必须大于初始频率,由 InitialFrequency 属性指定。此属性是可调的,默认值为 4000
TargetTime	目标时间。将 Type 属性设置为 Linear、Quadratic 或 Logarithmic 时,此属性指定达到目标频率的目标时间(以秒为单位)。 将 Type 属性设置为 Swept cosine 时,此属性指定扫描达到 2ftgt–finit Hz 的时间,其中 ftgt 是 TargetFrequency,finit 是 InitialFrequency。目标时间不应大于 SweepTime 属性指定的扫描时间。此属性是可调的,默认值为 1
SweepTime	扫频时间。将 SweepDirection 属性设置为 Unidirectional 时,扫频时间(以秒为单位)是输出频率扫描的周期。 将 SweepDirection 属性设置为 Bidirectional 时,扫频时间是输出频率扫描周期的一半,扫描时间应不小于 TargetTime 指定的目标时间。此属性必须是正数标量并且是可调的,默认值为 1
InitialPhase	初始相位。在时间 $t=0$ 时以弧度为单位指定输出的初始相位,此属性是可调的,默认值为 0

续表

参数名称	功能说明
SampleRate	采样率。以赫兹为单位指定输出的采样率为正数标量，默认值为 8000
SamplesPerFrame	每个输出帧的样本。将要缓冲到每个输出的样本数指定为正整数，默认值为 1
OutputDataType	输出数据类型。将输出数据类型指定为 double 或 single，默认值为 double

【例 3.3】　生成双向扫频 chirp 信号。

```
chirp=dsp.Chirp(...                 %创建dsp.Chirp系统信号，设置不同参数来生成信号
    'SweepDirection', 'Bidirectional', ...
    'TargetFrequency', 25, ...
    'InitialFrequency', 0,...
    'TargetTime', 1, ...
    'SweepTime', 1, ...
    'SamplesPerFrame', 400, ...
    'SampleRate', 400);
plot(chirp());
```

仿真结果如图 3.10 所示。

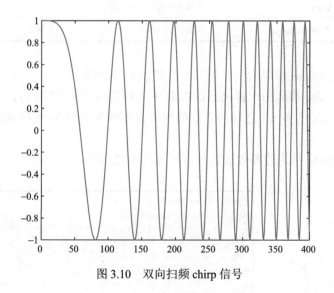

图 3.10　双向扫频 chirp 信号

　　通过上述示例，可以熟悉 dsp.Chirp 系统对象的创建方法，并对照参数表，学习各个参数的设置及功能含义。

3.2.2　基于 Simulink 模块的信号产生

　　信号产生也可以通过 Simulink 仿真模块来实现，表 3.7 列出了信号产生的 Simulink 模块。

表 3.7　信号产生 Simulink 模块

信号产生模块	功能说明
Chirp	生成扫频余弦(chirp)信号
Colored Noise	生成有色噪声信号
Constant	生成常量值
Constant Ramp	基于输入维度长度产生的斜坡信号
Discrete Impulse	产生离散脉冲
Identity Matrix	生成主对角线为 1、其他为 0 的矩阵
Multiphase Clock	生成多个二进制时钟信号
N-Sample Enable	输出 1 或 0 表示指定的采样次数
NCO	生成实数或复数正弦信号
NCO HDL Optimized	生成实数或复数的正弦信号，针对 HDL 代码生成进行了优化
Random Source	生成随机分布的值
Signal From Workspace	从 MATLAB 工作区导入信号
Sine Wave	生成连续或离散正弦波
Triggered Signal From Workspace	触发时从 MATLAB 工作区导入信号样本

以 Discrete Impulse 模块为例对信号产生模块进行介绍。

Discrete Impulse 模块用于在输出样本 $D+1$ 处生成脉冲(值为 1)，其中 D 由 Delay 参数($D \geqslant 0$)指定。样本 $D+1$ 之前和之后的所有输出样本均为零，该模块的形状如图 3.11 所示。

Discrete Impulse 模块的参数设置对话框如图 3.12 和图 3.13 所示。

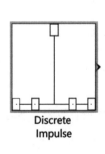

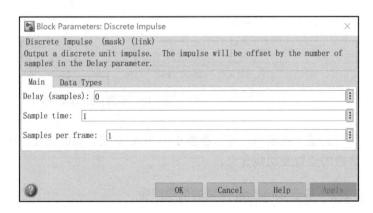

图 3.11　Discrete Impulse 模块　　图 3.12　Discrete Impulse 模块参数设置对话框 Main 标签

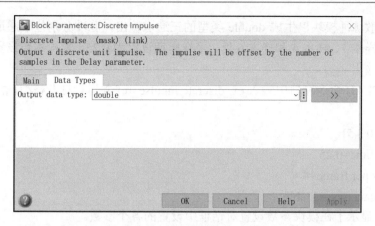

图 3.13　Discrete Impulse 模块参数设置对话框 Data Types 标签

Discrete Impulse 模块的主要参数如表 3.8 所示。

表 3.8　Discrete Impulse 模块的主要参数说明

参数名称	功能说明
Delay	在脉冲之前的零值输出样本的数量 D，若指定长度为 N 的向量，表示 N 通道输出
Sample time	输出信号的采样周期 T_s，输出帧周期为 MT_s
Samples per frame	每个输出帧中的样本数 M
Output data type	指定此模块的输出数据类型。可以选择：继承数据类型的规则；内置数据类型；一个计算结果为有效数据类型的表达式

　　为了更方便理解表 3.8 中提到的 Output data type 的选项，图 3.14 显示了该模块可以选择的输出数据类型。

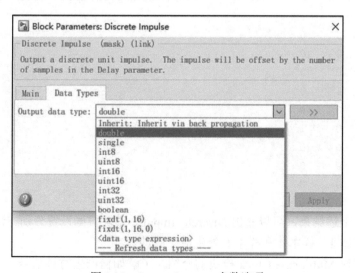

图 3.14　Output data type 参数选项

配置离散脉冲模块以生成 double 类型的三通道输出,脉冲分别位于通道 1、通道 2 和通道 3 的样本 1、样本 4 和样本 6 处,采样周期设置为 0.25,帧样本数设置为 4。运行模型并观察输出 y_{out}。

在 MATLAB 命令窗口中输入 ex_discreteimpulse_ref 并运行打开模型。相应的设置如下所示:

Delay=[0 3 5]

Sample time=0.25

Samples per frame=4

Output data type=double

图 3.15 显示了在模块参数设置对话框中设置的各个参数。

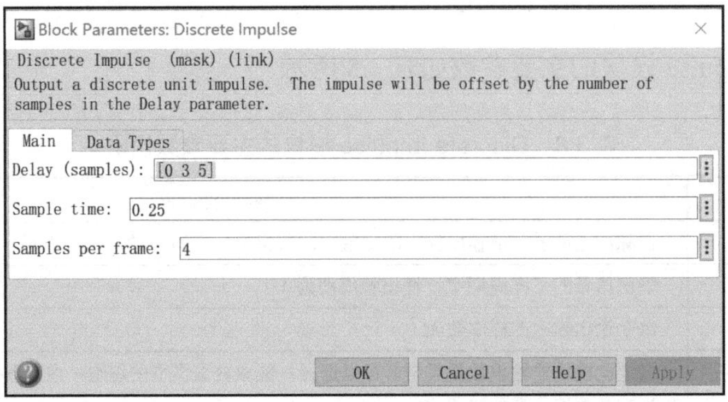

图 3.15   Discrete Impulse 模块参数设置对话框

运行该模型,并查看输出 dsp_examples_yout,每个通道的前几个样本如下所示:

```
dsp_examples_yout(1:10,:)          %查看输出dsp_examples_yout1:10行的样本
ans=
     1     0     0
     0     0     0
     0     0     0
     0     1     0
     0     0     0
     0     0     1
     0     0     0
     0     0     0
     0     0     0
     0     0     0
```

通过观察上述结果,可以看出 Discrete Impulse 模块根据设置分别在通道 1、通道 2 和通道 3 的样本 1、样本 4 和样本 6 处生成了脉冲。

下面通过对 Multiphase Clock 模块的介绍,了解如何产生时钟信号。

Multiphase Clock 模块用于生成 $1×N$ 时钟信号向量,可以在 Number of phases 参数中指定整数 N,N 个相位中的每一个具有相同的频率 f,由 Clock frequency 参数指定一个以赫兹为单位的值。

（1）Multiphase Clock 模块的形状如图 3.16 所示。

（2）Multiphase Clock 模块的参数设置对话框如图 3.17 所示。

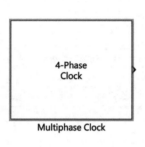

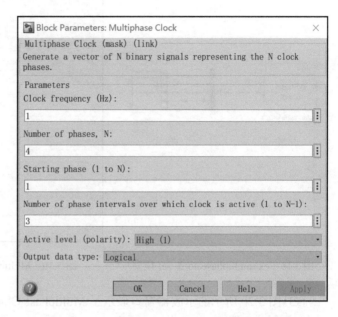

图 3.16 Multiphase Clock 模块　　　　图 3.17 Multiphase Clock 模块参数设置对话框

（3）Multiphase Clock 模块主要参数说明如表 3.9 所示。

表 3.9 Multiphase Clock 模块主要参数说明

参数名称	功能说明
Clock frequency	所有输出时钟信号的频率
Number of phases	输出向量中不同相位的数量 N
Starting phase	输出信号首先变为活动状态的矢量索引
Number of phase intervals over which clock is active	每个输出信号的有效电平持续时间
Active level	有效电平，高（1）或低（0）
Output data type	输出数据类型

【例 3.4】 打开 ex_multiphaseclock_ref 模型，配置 Multiphase Clock 模块产生 100 Hz 五相输出，其中第三个信号首先变为活跃状态，模块活跃级别设置为高，持续时间为一个间隔。

（1）在 MATLAB 中输入命令 ex_multiphaseclock_ref 并打开模型，模型如图 3.18 所示。

（2）在该模型中的 Multiphase Clock 模块参数设置对话框如图 3.19 所示。

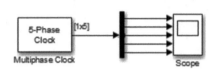

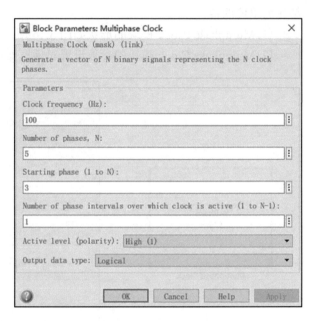

图 3.18　ex_multiphaseclock_ref 模型　　　　图 3.19　Multiphase Clock 模块参数设置对话框

(3) 图 3.20 所示的示波器窗口显示了 Multiphase Clock 模块的输出。

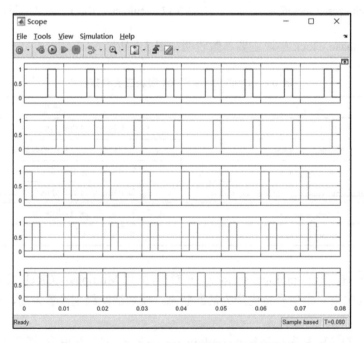

图 3.20　Multiphase Clock 模块输出时钟信号

　　图 3.20 输出的时钟信号中，从上到下依次为 $y(1)$、$y(2)$、$y(3)$、$y(4)$、$y(5)$。观察结果可知，第一个有效电平出现在 $y(3)$ 的 $t=0$ 时，第二个有效电平出现在 $y(4)$ 的 $t=0.002$

时，第三个有效电平出现在 $y(5)$ 的 $t=0.004$ 时，第四个有效电平出现在 $y(1)$ 的 $t=0.006$ 时，第五个有效电平出现在 $y(2)$ 的 $t=0.008$ 时。总之，每个信号在之前的信号出现的 $1/(5 \times 100)$ 秒后变为活跃状态。

3.3　信号输入与输出

DSP System Toolbox 通过创建与外部信号的接口来实现信号输入和输出的功能。在该工具包中，不仅可以从设备和网络当中输入或发送数据，也可以从文件中直接读取或写入信号。下面介绍基于系统对象和 Simulink 模块的输入、输出方法。

3.3.1　基于系统对象的信号输入与输出

表 3.10 列出了 MATLAB 中的信号输入、输出系统对象，包括设备及网络、文件系统两个部分。

表 3.10　信号输入、输出系统对象

信号输入、输出系统对象	系统对象名称	功能说明
设备及网络	audioDeviceWriter	播放到声卡
	dsp.UDPReceiver	从网络接收 UDP 数据包
	dsp.UDPSender	将 UDP 数据包发送到网络
文件系统	dsp.AudioFileReader	从音频文件读取
	dsp.AudioFileWriter	写入音频文件
	dsp.BinaryFileReader	从二进制文件读取数据
	dsp.BinaryFileWriter	将数据写入二进制文件
	dsp.MatFileReader	读取 MAT 文件
	dsp.MatFileWriter	写入 MAT 文件

以 dsp.AudioFileReader 系统对象说明文件系统对象的使用方法。

dsp.AudioFileReader 系统对象从音频文件中读取音频样本，有如下三种使用方法。

（1）afr=dsp.AudioFileReader;

返回一个音频文件读取器系统对象 afr，从音频文件中读取音频。

（2）afr=dsp.AudioFileReader('PropertyName',PropertyValue,...);

返回一个音频文件读取器系统对象 afr，每个指定的属性都设置为指定的值。

（3）afr=dsp.AudioFileReader(Filename,'PropertyName',PropertyValue,...);

返回一个音频文件读取器对象 afr，其中，Filename 属性设置为音频文件名，并将其他指定的属性设置为指定的值。

调用格式中各个属性的功能如表 3.11 所示。

表 3.11　AudioFileReader 系统对象属性

属性	功能说明
Filename	要从中读取的音频文件的名称。将音频文件的名称指定为字符向量或字符串。文件不在 MATLAB 路径上时需指定文件的完整路径，默认值为 speech_dft.mp3
PlayCount	播放文件的次数。指定正整数作为播放文件的次数，默认值为 1
SampleRate	音频文件的采样率。此只读属性显示音频文件的采样速率(Hz)
SamplesPerFrame	音频帧中的样本数。将音频帧中的样本数指定为正值、标量整数值，默认值为 1024
OutputDataType	输出的数据类型。从 AudioFileReader 对象设置音频数据输出的数据类型。将数据类型指定为 double、single、int16、uint8，默认值为 double

【例 3.5】　使用标准音频设备读取和播放音频文件。

```
afr=dsp.AudioFileReader('speech_dft.mp3');   %从speech_dft.mp3中读取音频
adw=audioDeviceWriter('SampleRate', afr.SampleRate);

while ~isDone(afr)
    audio=afr();
    adw(audio);
end
release(afr);                                %释放对象
release(adw);
```

再通过对 dsp.BinaryFileReader 系统对象的介绍，了解从二进制文件读取数据的方法。

dsp.BinaryFileReader 系统对象从二进制文件中读取多通道信号数据。如果文件头不为空，则文件头应该位于信号数据之前。系统对象指定文件头的原型，以及数据的类型、大小和复杂性。第一次读取文件时，阅读器会读取文件头，然后再读取数据。当到达文件末尾时，阅读器将返回 0。

dsp.BinaryFileReader 系统对象有以下三种使用方法。

（1）reader=dsp.BinaryFileReader;

使用默认属性创建 BinaryFileReader 对象。

（2）reader=dsp.BinaryFileReader(fname);

将 Filename 属性设置为 fname。

（3）reader=dsp.BinaryFileReader(fname, Name, Value, ...);

将 Filename 设置为 fname，并将每个属性 Name 设置为指定的 Value。未指定的属性具有默认值。

表 3.12 列出了创建对象过程中可以指定的参数属性的具体含义。

表 3.12　BinaryFileReader 系统对象参数属性

参数名称	含义	可选参数
Filename	文件名	'Untitled.bin' (default) | character vector | string
HeaderStructure	文件头的大小	struct ('Field1',[ ]) (default) | structure

续表

参数名称	含义	可选参数
SamplesPerFrame	每个输出帧的样本数	1024 (default) | positive integer
NumChannels	信道数量	1 (default) | positive integer
DataType	文件中的数据存储类	'double' (default) | 'single' | 'int8' | 'int16' | 'int32' | 'int64' | 'uint8' | 'uint16' | 'uint32' | 'uint64'
IsDataComplex	指定数据复杂性	false (default) | true

【例3.6】　写入和读取二进制文件。使用 dsp.BinaryFileWriter 系统对象创建带有自定义文件头的二进制文件，将数据写入此文件，并使用 dsp.BinaryFileReader 系统对象读取文件头和数据。

```
%写入数据
%指定文件头并创建dsp.BinaryFileWriter对象
header=struct('A',[1 2 3 4],'B','x7');
writer=dsp.BinaryFileWriter('ex_file.bin','HeaderStructure',header);
L=150;
sine=dsp.SineWave('SamplesPerFrame',L);    %数据是加噪的正弦波信号
scopewriter=dsp.TimeScope(1,'YLimits',[-1.5 1.5],'SampleRate',...
    sine.SampleRate,'TimeSpan',1);         %示波器显示写入的数据
for i=1:1000
    data=sine()+0.01*randn(L,1);
    writer(data);
    scopewriter(data);
end
release(writer);                           %释放写文件对象,以便访问此文件中的数据

%读取数据
%使用reader对象的HeaderStructure属性指定文件头,如果未知确切文件头,则必须指定
%文件头大小和数据类型。
headerPrototype=struct('A',[0 0 0 0],'B','-0');
%通过 dsp.BinaryFileReader对象从ex_file.bin读取二进制数据
%数据从单个通道读入,其中每个帧具有300个样本
reader=dsp.BinaryFileReader(...
'ex_file.bin',...
'HeaderStructure',headerPrototype,...
'NumChannels',1,'SamplesPerFrame',300);
scopereader=dsp.TimeScope(1,'YLimits',[-1.5 1.5],'SampleRate',...
    sine.SampleRate,'TimeSpan',1);         %示波器显示读取的数据
while ~isDone(reader)
    out=reader();
    scopereader(out);
end
release(reader);
```

仿真结果如图 3.21 和图 3.22 所示。

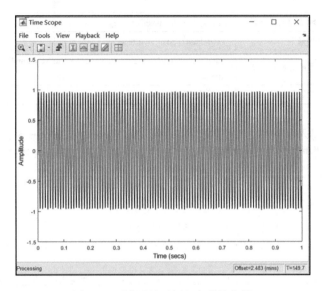

图 3.21　示波器显示写入文件的信号

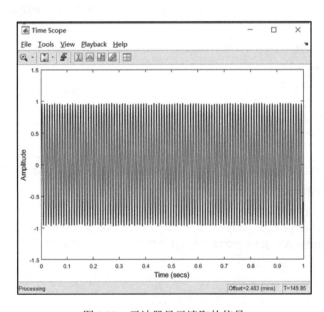

图 3.22　示波器显示读取的信号

从该例可以看出，即使读取器读取的数据具有不同的帧大小，两个示波器内的输出也完全匹配。

3.3.2　基于 Simulink 模块的信号输入与输出

表 3.13 列出了输入与输出 Simulink 模块。

表 3.13　输入与输出 Simulink 模块

模块类别	模块名称	功能说明
设备与网络	Audio Device Writer	播放到声卡
	UDP Receive	接收 uint8 向量作为 UDP 消息
	UDP Send	发送 UDP 消息
文件模块	Binary File Reader	从二进制文件读取数据
	Binary File Writer	将数据写入二进制文件
	From Multimedia File	读取多媒体文件
	To Multimedia File	将视频帧和音频样本写入多媒体文件中

1. Simulink 模块的用法

（1）Audio Device Writer 模块将音频样本写入音频输出设备，该模块形状如图 3.23 所示。

（2）在 Audio Device Writer 模块的参数设置对话框中，Main 选项卡和 Advanced 选项卡分别如图 3.24 和图 3.25 所示。

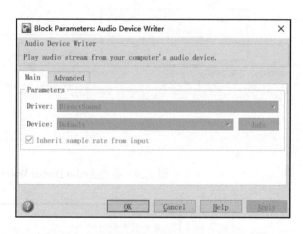

图 3.23　Audio Device Writer 模块　　　　图 3.24　Audio Device Writer 模块 Main 选项卡

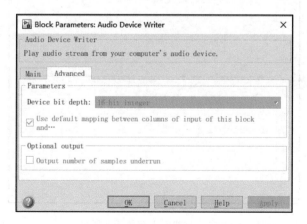

图 3.25　Audio Device Writer 模块 Advanced 选项卡

(3) 两个标签页面中可以设置的主要参数如表 3.14 所示。

表 3.14   Audio Device Writer 模块参数说明

所属选项卡	参数名称	功能说明	可选参数
Main 选项卡	Driver	用于访问音频设备的驱动程序	DirectSound (default) | ASIO | WASAPI
	Device	用于播放音频样本的设备	default audio device (default)
Advanced 选项卡	Device bit depth	设备用于执行数模转换的数据类型	16-bit integer (default) | 8-bit integer | 24-bit integer | 32-bit float

【例 3.7】   检查 Simulink 模型中的 Audio Device Writer 模块,确定欠载并减少欠载。

运行图 3.26 中的模型。Audio Device Writer 模块将音频流发送到计算机的默认音频输出设备,并将欠载的样本数发送到示波器中,结果如图 3.27 所示。

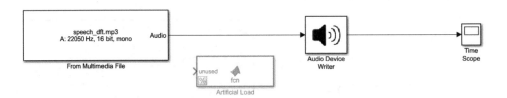

图 3.26   检查 Audio Device Writer 模块欠载数量模型

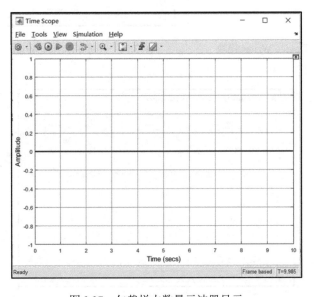

图 3.27   欠载样本数量示波器显示

图 3.27 是没有欠载的示意图，因此，欠载样本数为 0。若欠载样本数不为零，则可以通过以下操作来进行处理：停止运行，打开 From Multimedia File 模块，将每帧样本数参数设置为 1024。关闭该模块并再次运行上述模型。

如果模型仍然存在欠载样本数，可以尝试再次增加帧。增加的帧增加了声卡使用的缓冲区大小，较大的缓冲区以较高的音频延迟为代价降低了欠载的可能性。

2. 以 Binary File Reader 模块为例介绍文件输入与输出模块

（1）Binary File Reader 模块用于从二进制文件中读取多通道信号数据。模块形状如图 3.28 所示。

（2）Binary File Reader 模块的参数设置对话框如图 3.29 所示。

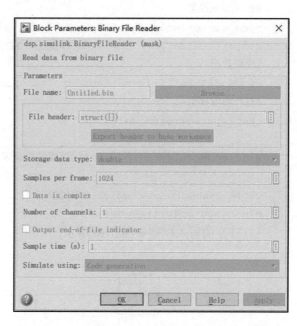

图 3.28　Binary File Reader 模块　　　图 3.29　Binary File Reader 模块参数设置对话框

（3）表 3.15 介绍在参数设置对话框中各个参数的功能。

表 3.15　Binary File Reader 模块参数说明

参数名称	功能说明	可选参数
File name	文件名	'Untitled.bin' (default) | character vector
File header	文件头的大小	struct([ ]) (default) | structure
Storage data type	文件中的数据存储类型	'double' (default) | 'single' | 'int8' | 'int16' | 'int32' | 'int64' | 'uint8' | 'uint16' | 'uint32' | 'uint64'
Samples per frame	每个输出帧的样本数	1024 (default) | positive integer
Number of channels	声道数量	1 (default) | positive integer
Sample time (s)	采样时间	1 (default) | numeric and nonnegative or −1
Simulate using	要运行的模拟类型	Code generation (default) | Interpreted execution

【例3.8】   在 Simulink 中写入和读取二进制文件。使用 Binary File Writer 模块创建带有自定义文件头的二进制文件，并将数据写入文件，使用 Binary File Writer 模块读取文件头和数据。

(1)将 Binary File Writer 模块的 File header 参数中的文件头指定为 struct('A', [1 2 3 4], 'B', 'x7')。该模块首先写入文件头，然后将数据写入 ex_file.bin 文件。数据是加噪声的正弦波信号，频率为 100 Hz，每帧包含 1000 个样本，信号的采样率为 1000 Hz，将 Time Scope 模块的 Time span 设置为 1 秒。

(2)完成上述设置后，在 MATLAB 命令窗口中运行下列语句，打开模型。

```
%写入数据
writeModel=fullfile(matlabroot,'examples','dsp','writeData');
%打开写入模型
open_system(writeModel);
sim(writeModel);            %运行模型以将数据写入ex_file.bin或查看示波器内的数据
%读取数据
readModel=fullfile(matlabroot,'examples','dsp','readData');
%打开读取模型
open_system(readModel);

sim(readModel);             %运行模型以读取数据或查看时间范围内的数据。

close_system(readModel);    %关闭模型
close_system(writeModel);
```

(3)打开的写入模型如图 3.30 所示。

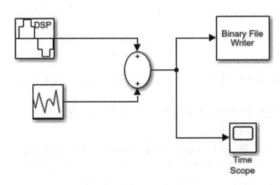

Copyright 2017 the Mathworks, Inc.

图 3.30　写入模型

(4)写入数据用示波器显示结果如图 3.31 所示。

(5)打开的读取模型如图 3.32 所示。

(6)读取模型数据示波器显示如图 3.33 所示。

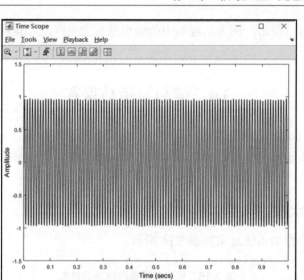

图 3.31　写入模型数据

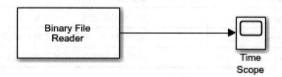

图 3.32　读取模型

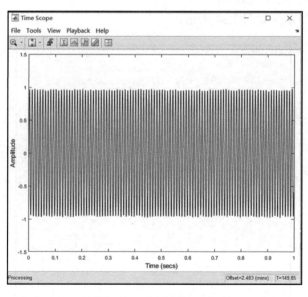

图 3.33　读取模型数据

从上述结果可以得出，两个示波器中的输出数据完全匹配，说明写入的数据被正确地读取出来。

3.4　信号显示与保存

DSP System Toolbox 中提供进行信号显示与保存的系统对象、Simulink 模块以及函数，帮助用户在实验和仿真过程中更好地观察与分析信号。下面分别对不同的实现方法进行介绍。

3.4.1　基于系统对象的信号显示与保存

显示和记录数据的系统对象如表 3.16 所示。

表 3.16　显示和记录数据系统对象

显示和记录数据系统对象	功能说明
dsp.TimeScope	时域信号显示与测量
dsp.SpectrumAnalyzer	显示时域信号的频谱
dsp.ArrayPlot	显示向量或数组
dsp.LogicAnalyzer	逻辑分析仪，测量、分析转换和状态
dsp.SignalSink	使用对数刻度表示缓冲区的仿真数据

以 dsp.TimeScope 系统对象为例，介绍信号显示与保存中系统对象的使用方法。

dsp.TimeScope 系统对象用于构建示波器并显示时域信号。可以使用示波器测量信号值、查找峰值、显示统计数据等。

(1)示波器窗口示例如图 3.34 所示。

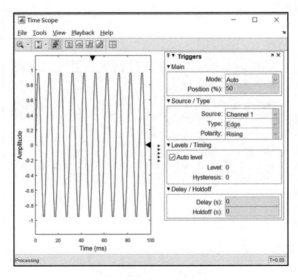

图 3.34　示波器的窗口示例图

在图 3.34 中，示波器的特点主要有以下几点。

①具有触发器。设置触发器以同步重复信号，并在事件发生时暂停显示。

②游标测量。使用垂直和水平游标测量信号值。

③信号统计。显示所选信号的最大值、最小值、峰峰值差值、平均值、中值和 RMS 值。

④峰值查找。查找最大值，显示它们出现的 x 轴值。

⑤多个信号。使用多个输入端口在同一 y 轴（显示器）上绘制多个信号。

⑥修改参数。在运行之前和运行期间修改示波器的参数值。

⑦轴自动缩放。在模拟期间或结束时自动缩放坐标轴，在轴的顶部和底部绘制边距。

（2）dsp.TimeScope 系统对象有以下三种创建方法。

①scope=dsp.TimeScope;

返回 dsp.TimeScope 系统对象 scope，此对象显示时域中的实值和复值浮点与定点信号。

②scope=dsp.TimeScope(numInputs,sampleRate);

创建示波器，并将 NumInputPorts 属性设置为 numInputs，将 SampleRate 属性设置为 sampleRate。

③scope=dsp.TimeScope(___,Name,Value);

（3）使用创建对象的语句创建对象后，需要使用以下语句来调用该对象。

①scope(signal);

在示波器中显示信号 signal。

②scope(signal,signal2,...,signalN);

将 NumInputPorts 属性设置为 N 时，在示波器中显示信号 signal1, signal2, ..., signalN。在这种情况下，signal1, signal2, ..., signalN 可以具有不同的数据类型和维度。

在创建 dsp.TimeScope 系统对象的过程中需要使用到的参数属性可以分为常用参数、高级参数，常用参数的功能如表 3.17 所示。

表 3.17　dsp.TimeScope 系统对象常用参数说明

系统对象名称	含义	可选参数
NumInputPorts	输入端口数	1 (default) | integer between [1, 96]
SampleRate	输入采样率	1 (default) | scalar | vector
TimeSpan	时间跨度	10 (default) | positive scalar
TimeSpanOverrunAction	TimeSpan 溢出时换行或滚动	'Wrap' (default) | 'Scroll'
TimeSpanSource	时间跨度的来源	'Property' (default) | 'Auto'
AxesScaling	轴缩放模式	'OnceAtStop' (default) | 'Auto' | 'Manual' | 'Updates'

【例 3.9】　显示简单正弦波输入信号。创建 dsp.SineWave 和 dsp.TimeScope 对象，运行示波器以显示正弦信号。

```
sine=dsp.SineWave('Frequency',100,'SampleRate',1000);    %创建sin信号
sine.SamplesPerFrame=10;
%创建dsp.TimeScope对象，设置采样率为正弦信号的采样率，时间跨度为0.1
```

```
scope=dsp.TimeScope('SampleRate',sine.SampleRate,'TimeSpan',0.1);
for ii=1:10
    x=sine();              %调用dsp.SineWave，生成正弦波
    scope(x);              %调用dsp.TimeScope对象，显示正弦信号
end
release(scope);
```

运行结果如图 3.35 和图 3.36 所示。

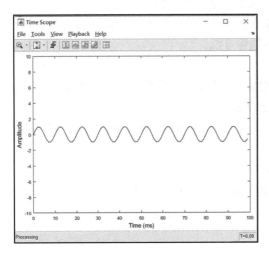

图 3.35   正弦信号显示

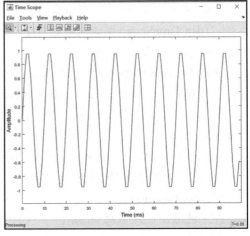

图 3.36   自动缩放坐标轴

上述示例通过结合 dsp.TimeScope 和 dsp.SineWave 系统对象来进行正弦波的示波器显示，通过上述示例，应对 dsp.TimeScope 系统对象的使用方法有了进一步的了解。

通过对 dsp.SpectrumAnalyzer 系统对象的介绍，学习显示时域信号频谱的方法。

dsp.SpectrumAnalyzer 系统对象用于显示时域信号的频谱，此示波器支持可变大小的输入，允许输入帧更改大小，但输入通道的数量必须保持不变。dsp.SpectrumAnalyzer 系统对象显示窗口如图 3.37 所示。

（1）dsp.SpectrumAnalyzer 系统对象有以下三种创建方法。

①scope=dsp.SpectrumAnalyzer；

创建 Spectrum Analyzer 系统对象，该对象显示实值和复值浮点与定点信号的频谱。

②scope=dsp.SpectrumAnalyzer(ports)；

创建 Spectrum Analyzer 对象并将 NumInputPorts 属性设置为 ports 的值。

③scope=dsp.SpectrumAnalyzer(Name,Value)；

使用一个或多个名称–值对来设置属性，将每个属性名称括在单引号中。

（2）使用创建对象的语句创建对象后，需要使用以下语句来调用该对象。

①scope(signal)；

更新频谱分析器中的信号频谱。

②scope(signal1,signal2,...,signalN)；

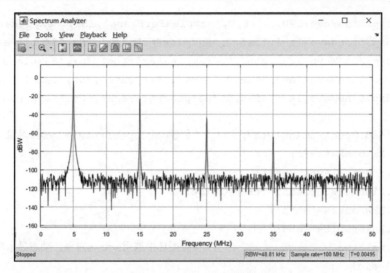

图 3.37 dsp.SpectrumAnalyzer 系统对象显示窗口

在频谱分析仪中显示多个信号。信号必须具有相同的帧长度，但可以有不同的信道数。必须设置 NumInputPorts 属性以启用多个输入信号，才能使用该语法。

在创建 dsp.SpectrumAnalyzer 系统对象的过程中，需要使用到的参数属性可以分为常用参数、高级参数及可视化参数。此处只将常用参数列出来进行详细介绍，各个参数的功能如表 3.18 所示。

表 3.18 dsp.SpectrumAnalyzer 系统对象常用参数说明

系统对象名称	含义	可选参数
NumInputPorts	输入端口数	1 (default) | integer between [1, 96]
InputDomain	输入信号的域	Time (default) | Frequency
SampleRate	输入采样率	10000 (default) | finite scalar
SpectrumType	要显示的频谱类型	'Power' (default) | 'Power density' | 'RMS'
ViewType	选择光谱或光谱图	'Spectrum' (default) | 'Spectrogram' | 'Spectrum and spectrogram'
Method	频谱估计方法	'Welch' (default) | 'Filter Bank'
NumTapsPerBand	每个频段的滤波器抽头数量	12 (default) | positive even scalar
SpectralAverages	频谱平均数量	1 (default) | positive integer
PlotAsTwoSidedSpectrum	双边谱标志	true (default) | false
FrequencyScale	频率刻度	'Linear' (default) | 'Log'
AxesScaling	轴缩放模式	'Auto' (default) | 'Manual' | 'OnceAtStop' | 'Updates'

【例 3.10】 用于单边功率谱分析的频谱分析器。查看由具有不同幅度和频率的固定实正弦波之和构成的波形的单边功率谱。

```
Fs=100e6;                    %采样频率
fSz=5000;                    %设置帧大小
%构建不同幅度和频率的固定实正弦波
```

```
sin1=dsp.SineWave(1e0,  5e6,0,'SamplesPerFrame',fSz,'SampleRate',Fs);
sin2=dsp.SineWave(1e-1,15e6,0,'SamplesPerFrame',fSz,'SampleRate',Fs);
sin3=dsp.SineWave(1e-2,25e6,0,'SamplesPerFrame',fSz,'SampleRate',Fs);
sin4=dsp.SineWave(1e-3,35e6,0,'SamplesPerFrame',fSz,'SampleRate',Fs);
sin5=dsp.SineWave(1e-4,45e6,0,'SamplesPerFrame',fSz,'SampleRate',Fs);

scope=dsp.SpectrumAnalyzer;              %创建dsp.SpectrumAnalyzer对象
scope.SampleRate=Fs;
scope.SpectralAverages=1;
scope.PlotAsTwoSidedSpectrum=false;
scope.RBWSource='Auto';
scope.PowerUnits='dBW';
for idx=1:1e2                            %在循环中调用scope对象，动态显示频谱
    y1=sin1();
    y2=sin2();
    y3=sin3();
    y4=sin4();
    y5=sin5();
    scope(y1+y2+y3+y4+y5+0.0001*randn(fSz,1));
end
%运行release方法以使属性值和输入特性产生更改，示波器会自动缩放坐标轴
release(scope);
clear('scope');                          %运行clear功能，关闭Spectrum Analyzer窗口
```

运行结果如图 3.38 和图 3.39 所示。

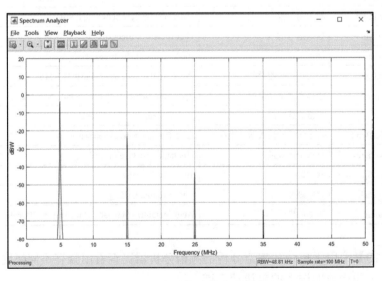

图 3.38　正弦信号单边功率谱

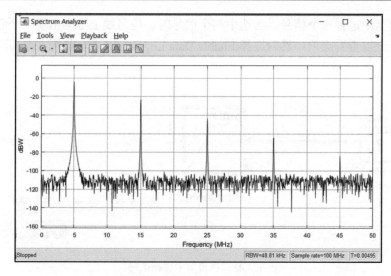

图 3.39 自动缩放坐标轴显示频谱

通过上述示例,学会运用 release 方法来实现频谱分析器自动缩放坐标轴。可以看出,自动缩放坐标轴后才能在更合适的坐标区域内看到需要观察的频谱。

3.4.2 仿真可视化工具

Logic Analyzer(逻辑分析器)是仿真可视化工具之一,是在仿真中可视化及检测信号的工具,可以随着时间推移可视化、测量、分析信号转移及状态。主要功能包括调试和分析模型、同时跟踪和关联多个信号、检测并分析时序冲突、跟踪系统执行、使用触发器检测信号变化。

(1)可以通过 Simulink 工具栏打开逻辑分析器。单击"逻辑分析器"按钮 ,如果未显示该按钮,单击"模拟数据检查器"按钮的下拉箭头 ,然后从菜单中选择 Logic Analyzer(逻辑分析器),如图 3.40 所示。

图 3.40 逻辑分析器菜单

(2)以选择分析信号为例说明逻辑分析器的使用方法,逻辑分析器支持多种方法来选择要可视化的数据,如下所示。

①在模型中选择一个信号。当选中某个信号时，信号线上方会出现一个省略号。悬停在省略号上以查看选项，然后选择 Enable Data Logging 选项，如图 3.41 所示。

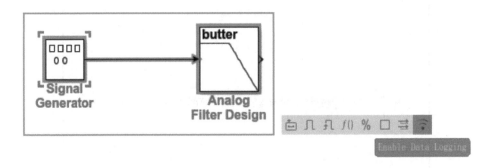

图 3.41　在模型中选择信号

②右击模型中的信号以打开选项快捷菜单。选择 Log Selected Signals 选项，如图 3.42 所示。

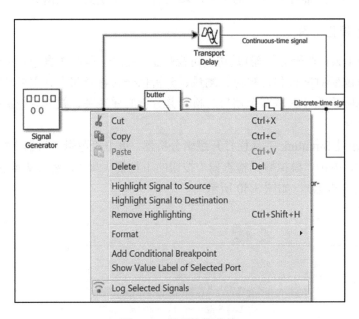

图 3.42　选项快捷菜单

③使用其他方法在模型中选择多个信号线。例如，按住 Shift 键并单击可单独选择多条线路，也可使用 Ctrl + A 一次选择所有信号线。然后，单击逻辑分析器按钮的下拉箭头并选择 Log Selected Signals 选项，如图 3.43 所示。

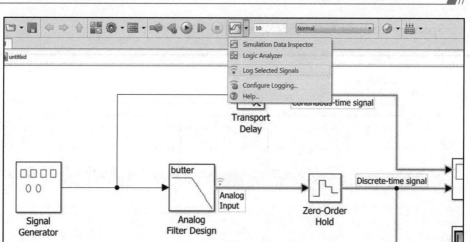

图 3.43 逻辑分析器选项

打开逻辑分析器时，会列出标记为记录的所有信号，可以在逻辑分析器打开时添加和删除逻辑分析器中的波形。

3.4.3 基于 Simulink 模块的信号显示与保存

Simulink 中用于信号显示和保存的模块如表 3.19 所示。

表 3.19 信号显示与保存的 Simulink 模块

模块类别	模块名称	功能说明
显示	Array Plot	显示向量或数组
	Display	显示输入值
	Spectrum Analyzer	显示频谱
	Time Scope	显示在仿真过程中产生的信号
	Matrix Viewer	将矩阵显示为彩色图像
	Waterfall	随着时间的推移查看数据向量
数据记录	To Workspace	将数据写入 MATLAB 工作区
	Triggered To Workspace	触发时将输入样本写入 MATLAB 工作区

以 Spectrum Analyzer 模块为例，介绍在 Simulink 中通过模块来实现信号显示及保存的方法。

（1）Spectrum Analyzer 模块用于显示频谱，该模块的形状如图 3.44 所示。

图 3.44 Spectrum Analyzer 模块

(2) Spectrum Analyzer 模块频谱显示示例如图 3.45 所示。

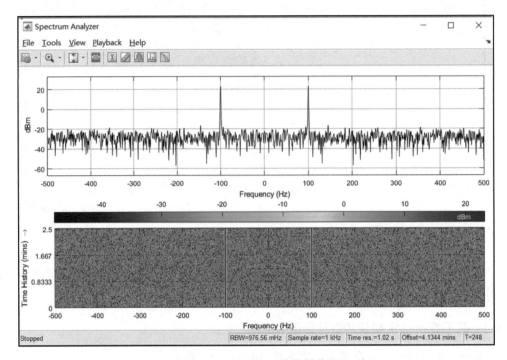

图 3.45　Spectrum Analyzer 模块频谱显示示例

(3) 要对频谱分析器的各项参数进行修改，可以单击菜单栏中的工具图标来进行，主要图标的功能说明如表 3.20 所示。

表 3.20　Spectrum Analyzer 模块频谱显示窗口主要工具图标说明

图标	名称	选项名称	功能说明
		Main options	设置输入信号域、类型、光谱类型等
	频谱设置	Spectrogram Settings	设置信道、旁瓣衰减等
		Trace Options	设置频谱单元、频谱平均数等
	配置属性		设置标题、显示信号图例、显示网格等
	样式		设置窗口背景、画图类型、坐标轴背景颜色等

【例 3.11】　利用频谱分析器测量谐波失真。构建如图 3.46 所示的模型，通过使用正弦输入激励放大器并在频谱分析器中查看谐波来测量谐波失真。打开频谱分析器，选择"失真测量"选项，打开失真测量窗口，如图 3.47 和图 3.48 所示。

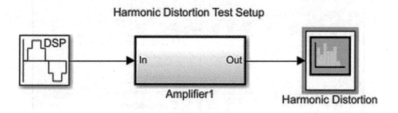

图 3.46　频谱分析器测量谐波失真

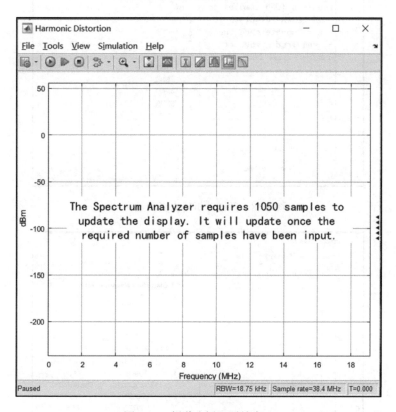

图 3.47　频谱分析器原始窗口

（1）在图 3.47 中，单击"频谱分析器"图标 来打开频谱分析器的失真测量窗口，如图 3.48 所示。

（2）测量结果如图 3.49 所示。

通过上述示例，在图 3.49 的右侧"失真测量"面板中查看结果，不仅可以看出谐波失真的位置（图 3.49 中三角形处），还可以看到它们的 SNR、SINAD、THD 和 SFDR 值。

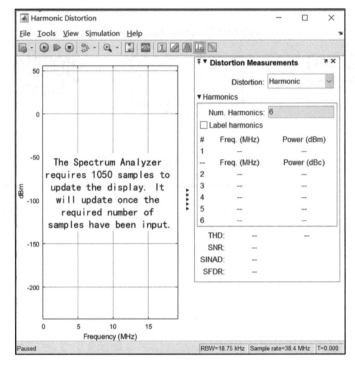

图 3.48　频谱分析器失真测量窗口

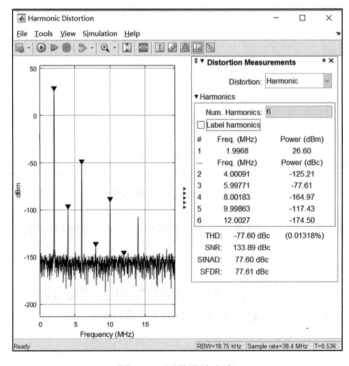

图 3.49　测量谐波失真

3.4.4 基于函数的信号显示与保存

用于操作示波器的基本函数主要有 hide、show、isVisible，另外，MATLAB 还提供了专门用于频谱分析器和逻辑分析器的函数，它们的具体功能如表 3.21 所示。

表 3.21 信号显示与保存函数功能说明

函数类别	函数名称	功能说明
基本函数	hide	隐藏示波器窗口
	show	显示示波器窗口
	isVisible	确定示波器的可见性
频谱分析器	isNewDataReady	检查频谱分析器的新数据
	getSpectrumData	保存频谱分析器中显示的频谱数据
	getSpectralMaskStatus	获取当前频谱模板的测试结果
逻辑分析器	addCursor	将游标添加到逻辑分析器
	addDivider	将分隔线添加到逻辑分析器
	addWave	向逻辑分析器添加波形
	deleteCursor	删除逻辑分析器游标
	deleteDisplayChannel	删除逻辑分析器通道
	getCursorInfo	返回逻辑分析器游标的设置
	getCursorTags	返回所有逻辑分析器游标标记
	getDisplayChannelInfo	逻辑分析器显示通道的返回设置
	getDisplayChannelTags	返回所有逻辑分析器显示通道标签
	modifyCursor	修改逻辑分析器游标的属性
	modifyDisplayChannel	修改逻辑分析器显示通道的属性
	moveDisplayChannel	移动逻辑分析仪显示通道的位置

（1）以函数 isVisible 为例介绍信号显示及保存函数的使用方法。

isVisible 函数用于确定示波器的可见性，即选择显示或隐藏示波器对话框。

isVisible 函数的使用语法如下。

visibility=isVisible(scope);

返回系统对象 scope 的可见性。其中，输入参数 scope 应是已经创建好的示波器系统对象。

【例 3.12】 隐藏和显示时域示波器。创建示波器系统对象 scope，通过调用函数 isVisible 来隐藏和显示示波器。

```
Fs=1000;                %采样率
flag=0;                 %用来表示示波器的显示状态，1为显示，0为不显示
%创建正弦波信号并在示波器内显示
signal=dsp.SineWave('Frequency',50,'SampleRate',Fs,'SamplesPerFrame',2
00);
```

```
scope=dsp.TimeScope(1,Fs,'TimeSpan',0.25,'YLimits',[-1 1]);
xsine=signal();
scope(xsine)
flag=1                          %flag等于1表示示波器为显示状态
if(isVisible(scope))
    hide(scope)                 %隐藏示波器窗口
flag=0                          %flag等于0表示示波器为不显示状态
end
if(~isVisible(scope))
    show(scope)                 %显示示波器窗口
flag=1                          %flag等于1表示示波器为显示状态
end
```

示波器显示标志位结果如下：

```
flag=
    1
flag=
    0
flag=
    1
```

结果如图 3.50 所示。

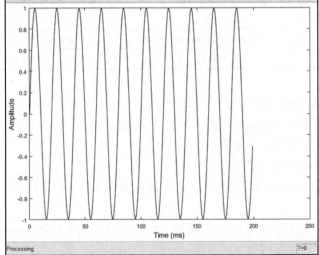

图 3.50　正弦信号显示

观察 flag 的值可知，运行代码后首先打开示波器窗口，显示正弦波形，使用 hide 函数隐藏后，窗口被隐藏，flag 为 0；再使用 show 函数显示示波器，窗口重新显示，flag 为 1。

（2）再通过频谱分析器的函数 isNewDataReady 了解频谱分析器相关函数的使用方法。
isNewDataReady 函数用于检查频谱分析器的新数据。

isNewDataReady 函数的使用语法如下。

flag=isNewDataReady(scope);

指示频谱分析器是否显示新的频谱估计值。其中 scope 是已经创建好的频谱分析器
系统对象。

【例 3.13】 本例实现频谱数据的记录。在频谱分析器运行时，将频谱数据保存到
表中。频谱分析器不会在每一步都更新数据。为了避免保存冗余频谱数据，可以使用
isNewDataReady 函数来检查是否有新的频谱估计值。

```
%创建正弦波系统对象，并在频谱分析器中显示
wave=dsp.SineWave('Frequency',100,'SampleRate',1000);
wave.SamplesPerFrame=1000;
scope=dsp.SpectrumAnalyzer('SampleRate',wave.SampleRate,...
    'ReducePlotRate',false,...
    'ViewType','Spectrum and spectrogram');
data=[];
for ii=1:250
    x=wave() + 0.05*randn(1000,1);
    scope(x);
    if scope.isNewDataReady              %检查频谱分析器是否显示新的频谱估计值
        data=[data;getSpectrumData(scope)];
    end
end
release(scope);                          %释放系统对象
data(1:5,:)                              %查看数据表
```

运行结果如图 3.51 所示。

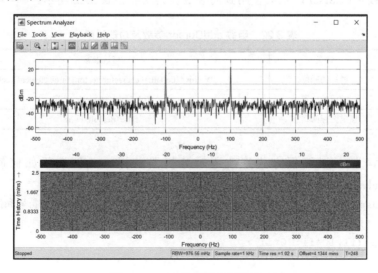

图 3.51 正弦波频谱分析器显示

查看数据表结果如下所示：

```
SimulationTime      Spectrum              Spectrogram           MinHoldTrace
_____       _____       _____      _____

        [1]         [1536x1 double]       [100x1536 double]          []
        [3]         [1536x1 double]       [100x1536 double]          []
        [4]         [1536x1 double]       [100x1536 double]          []
        [6]         [1536x1 double]       [100x1536 double]          []
        [7]         [1536x1 double]       [100x1536 double]          []

MaxHoldTrace        FrequencyVector
_____        _____

        []          [1536x1 double]
        []          [1536x1 double]
        []          [1536x1 double]
        []          [1536x1 double]
        []          [1536x1 double]
```

在数据表中可以看到仿真时间的间隙，缺失的行指示频谱分析器等待其他样本更新频谱，运用 isNewDataReady 函数就可以阻止脚本保存这些冗余数据。

（3）以函数 addCursor 为例，介绍逻辑分析器显示和保存数据的方法。addCursor 是将游标添加到逻辑分析器的函数。

addCursor 函数有以下两种调用语法。

①cursorTag=addCursor(scope)；

将游标添加到逻辑分析器显示中。返回一个标记值，可用于修改和删除游标。其中scope 是已经创建好的逻辑分析器系统对象。

②cursorTag=addCursor(scope,Name,Value)；

使用一个或多个 Name-Value 设置属性。

调用函数 addCursor 时需要使用到的参数及其功能如表 3.22 所示。

表 3.22   函数 addCursor 参数及功能说明

参数名称	含义	可选参数
Color	游标的颜色	'Yellow' (default) | character vector | three element vector
Location	游标的位置	0 (default) | numeric scalar
Locked	锁定游标的状态	false (default) | true

【例 3.14】   以编程方式修改逻辑分析器游标。此例演示如何使用函数在dsp.LogicAnalyzer 对象中创建、操作和删除游标。

```
scope=dsp.LogicAnalyzer('NumInputPorts',3);    %创建逻辑分析器和信号
for ii=1:20
    scope(ii,10*ii,20*ii);
end
%在位置15处添加蓝绿色游标
```

```
cursor=addCursor(scope,'Location',15,'Color','Cyan');
getCursorInfo(scope,cursor)                    %输出游标信息
modifyCursor(scope,cursor,'Color','Magenta')   %修改游标颜色为洋红色
tags=getCursorTags(scope);
deleteCursor(scope,tags{1});                   %删除游标
```

输出游标信息结果如下：

```
ans=struct with fields:
    Location: 15
       Color: [0 1 1]
      Locked: 0
         Tag: 'C2'
```

运行结果如图 3.52 所示。

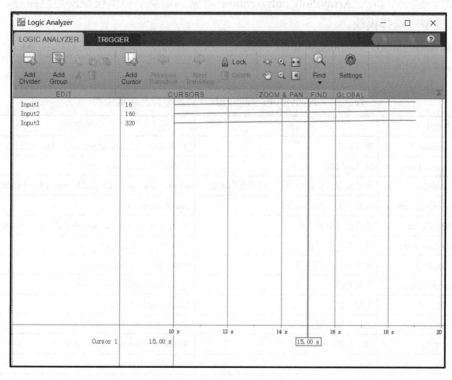

图 3.52　游标操作示意图

通过示例熟悉了运用函数来进行游标操作（添加、删除、修改、显示当前信息等）的方法。

3.4.5　使用对象来控制模块的外观和行为

在对信号进行显示与保存操作时，也可以使用对象来控制外观及行为。各个对象的名称及功能如表 3.23 所示。

表 3.23　信号显示及保存对象

对象名称	功能说明
ArrayPlotConfiguration	数组绘制模块外观和行为
SpectrumAnalyzerConfiguration	配置频谱分析器以进行编程访问
TimeScopeConfiguration	控制示波器模块的外观和行为

以 ArrayPlotConfiguration 对象为例说明对象的使用方法。

ArrayPlotConfiguration 对象的功能是控制数组绘制模块的外观和行为。使用 get_param 创建配置对象，然后使用带 "." 的对象更改属性值。

（1）ArrayPlotConfiguration 对象的调用方式如下所示：

MyScopeConfiguration=get_param（gcbh,'ScopeConfiguration'）；

（2）创建一个新的 ArrayPlotConfiguration 对象。如果未提供模块的完整路径，则必须先在模型中选择模块；

（3）创建 ArrayPlotConfiguration 对象后，可以对对象中的各个参数进行修改，各个参数名称及功能如表 3.24 所示。

表 3.24　ArrayPlotConfiguration 对象参数及功能说明

参数名称	含义	可选参数
Name	窗口名称	'Array Plot'（default）| character vector | string
NumInputPorts	输入端口数	'1'（default）| character vector
Position	示波器窗口位置和大小，以像素为单位	screen center（default）| [left bottom width height]
OpenAtSimulationStart	开始仿真时打开示波器	true（default）| false
XDataMode	X 数据间距的来源	'Sample increment and X-offset'（default）| 'Custom'
SampleIncrement	输入的样本增量	'1'（default）| character vector
XOffset	显示 X 轴的偏移量	'0'（default）| character vector
CustomXData	X 数据值	'[]'（default）| character vector
XScale	X 轴的刻度	'Linear'（default）| 'Log'
MaximizeAxes	最大化轴控制	'Auto'（default）| 'On' | 'Off'
Title	显示标题	（default）| character vector | string
ShowLegend	显示图例	false（default）| true
ChannelNames	通道名称	empty cell（default）| cell array of character vectors
ShowGrid	显示网格	true（default）| false
PlotAsMagnitudePhase	将信号绘制为幅度和相位	false（default）| true
XLabel	X 轴标签	（default）| character vector | string
YLabel	Y 轴标签	'Amplitude'（default）| character vector | string
YLimits	Y 轴限制	[−10,10]（default）| [ymin, ymax]
PlotType	绘图类型	'Stem'（default）| 'Line' | 'Stairs'
AxesScaling	轴缩放模式	'OnceAtStop'（default）| 'Auto' | 'Manual' | 'Updates'

【例 3.15】 构造 ArrayPlotConfiguration 对象。通过创建新的 Simulink 模型，向其中添加 ArrayPlot 模块，并通过 ArrayPlotConfiguration 查看其属性。

```
sysname='ArrayPlotExample';
new_system(sysname);                               %创建新的 Simulink模型
add_block('built-in/ArrayPlot',[sysname,'/ArrayPlot']);
                                                   %向模型添加数组绘制模块
%调用 get_param 函数以检索默认数组绘制模块配置属性
scopeConfig=get_param([sysname,'/ArrayPlot'],'ScopeConfiguration');
```

输出结果如下所示：

```
scopeConfig=
  ArrayPlotConfiguration with properties:
                    Name: 'ArrayPlot'
            NumInputPorts: '1'
     OpenAtSimulationStart: 1
                 Visible: 0
                Position: [240 287 800 450]
               XDataMode: 'Sample increment and X-offset'
         SampleIncrement: '1'
                 XOffset: '0'
             CustomXData: '[]'
                  XScale: 'Linear'
            MaximizeAxes: 'Auto'
                   Title: ''
              ShowLegend: 0
            ChannelNames: {''}
                ShowGrid: 1
      PlotAsMagnitudePhase: 0
                  XLabel: ''
                  YLabel: 'Amplitude'
                 YLimits: [-10 10]
                PlotType: 'Stem'
             AxesScaling: 'Manual'
   AxesScalingNumUpdates: '10'
```

根据结果可知，ArrayPlot 成功添加到 Simulink 模型中，且可以通过 get_param 函数来查看其属性，各个参数都详细地显示出来，可以调用对象来对各参数进行修改。

第4章　滤波器设计、分析和实现

使用 DSP 系统工具箱函数和 App 可以设计和分析各种数字 FIR 和 IIR 滤波器，其中包括某些高级滤波器，如 Nyquist 滤波器、半带滤波器、高级等波纹滤波器和拟线性相位 IIR 滤波器。

设计技术用于根据滤波器参数计算滤波器系数。分析技术验证设计的滤波器是否达到参数要求。分析技术包括绘制滤波器的频率响应，找出滤波器的群时延，或者判断滤波器是否稳定。

DSP 工具箱提供设计和分析的 App，如 filterBuilder 和 fvtool。DSP 工具箱还提供了 firlp2hp、IIRlp2bs、IIRlp2bpc 等函数实现不同类型滤波器之间的转换。

4.1　滤波器设计

4.1.1　使用 fdesign 设计滤波器

（1）fdesign 为滤波器设计参数对象，有四种使用方法。

①filtSpecs=fdesign.response;

返回一个滤波器设计参数对象 filtSpecs，该对象滤波响应为 response。

②filtSpecs=fdesign.response（spec）；

在 spec 中，指定用来定义滤波器设计的变量，如通带频率或阻带衰减。

③filtSpecs=fdesign.response（...,Fs）；

指定采样率的单位。

④filtSpecs=fdesign.response（...,magunits）；

指定输入参数中任何幅频设计参数的单位。

response 可以是表 4.1 中所列响应之一。

表 4.1　fdesign 响应方法

fdesign 响应方法	描述
arbgrpdelay	fdesign.arbgrpdelay 创建一个对象来指定全通任意群时延滤波器
arbmag	fdesign.arbmag 创建一个对象来指定具有由输入参数定义的任意幅频响应的 IIR 滤波器
arbmagnphase	fdesign.arbmagnphase 创建一个对象来指定具有由输入参数定义的任意幅频和相位响应的 IIR 滤波器
audioweighting	fdesign.audioweighting 为音频加权滤波器创建滤波器设计参数对象。支持的音频加权类型有：A、C、C—message、ITU—T 0.41 和 ITU—R 468—4 加权
bandpass	fdesign.bandpass 创建一个对象来指定带通滤波器
bandstop	fdesign.bandstop 创建一个对象来指定带阻滤波器
ciccomp	fdesign.ciccomp 创建一个对象来指定用于补偿 CIC 抽取器或插值器响应曲线的滤波器

续表

fdesign 响应方法	描述
comb	fdesign.comb 创建一个对象来指定一个陷波或峰值梳状滤波器
decimator	fdesign.decimator 创建一个对象来指定抽取器
differentiator	fdesign.differentiator 创建一个对象来指定 FIR 微分滤波器
fracdelay	fdesign.fracdelay 创建一个对象来指定分数延时滤波器
halfband	fdesign.halfband 创建一个对象来指定半带滤波器
highpass	fdesign.highpass 创建一个对象来指定高通滤波器
hilbert	fdesign.hilbert 创建一个对象来指定 FIR 希尔伯特变换器
interpolator	fdesign.interpolator 创建一个对象来指定插值器
isinchp	fdesign.isinchp 创建一个对象来指定逆 sinc 高通滤波器
isinclp	fdesign.isinclp 创建一个对象来指定逆 sinc 低通滤波器
lowpass	fdesign.lowpass 创建一个对象来指定低通滤波器
notch	fdesign.notch 创建一个对象来指定陷波滤波器
nyquist	fdesign.nyquist 创建一个对象来指定 Nyquist 滤波器
octave	fdesign.octave 创建一个对象来指定倍频程和分数倍频程滤波器
parameq	fdesign.parameq 创建一个对象来指定参数均衡器滤波器
peak	fdesign.peak 创建一个对象来指定峰值滤波器
polysrc	fdesign.polysrc 创建一个对象来指定多项式采样率转换器滤波器
rsrc	fdesign.rsrc 创建一个对象来指定有理因子采样率转换器

以上创建对象时，需要 DSP 系统工具箱。

（2）可以使用 doc fdesign.response 获取有关特定结构的帮助，例如：

①doc fdesign.lowpass；

获取有关低通结构对象的详细信息。

②doc fdesign.bandstop；

获取有关带阻结构对象的详细信息。

每个 response 都有一个属性 Specification，它定义滤波器的设计参数。在构造设计参数对象时，可以使用默认值或指定 Specification 属性。

fdesign 返回一个滤波器设计参数对象。每个滤波器设计参数对象都具有表 4.2 所列属性。

表 4.2 设计参数对象的属性

属性名称	默认值	描述
Response	取决于所选类型	指定滤波器类型，如插值器或带通滤波器，为只读值
Specification	取决于所选类型	指定所需滤波器性能的滤波器特性，如截止频率 Fc 或滤波器阶数 N
Description	取决于选择的滤波器类型	包含用于定义对象的滤波器设计参数的说明，以及从对象创建滤波器时使用的滤波器设计参数，为只读值
NormalizedFrequency	逻辑 true	确定滤波器是否使用 0～1 的归一化频率，或 0～Fs/2 的频带。如果没有单引号，则接受 true 或 false。音频加权滤波器不支持归一化频率

除了表 4.2 所列属性之外，滤波器设计参数对象还可能具有其他属性，表 4.3 列出了多速率滤波器的附加属性。

表 4.3 多速率滤波器的附加属性

多速率滤波器的附加属性	描述
DecimationFactor	指定减少采样率的数量。始终为正整数
InterpolationFactor	指定要增加采样率的数量。始终为正整数
PolyphaseLength	指定构成抽取器或插值器每个多相子滤波器的长度

（3）介绍 fdesign.bandpass 的用法。

fdesign.bandpass 创建一个对象来指定带通滤波器，fdesign.bandpass 有六种使用方法。

①D=fdesign.bandpass;

构造一个带通滤波器设计参数对象 D，属性 Fstop1、Fpass1、Fpass2、Fstop2、Astop1、Apass 和 Astop2 采用默认值。

②D=fdesign.bandpass（SPEC）;

构造对象 D，并将 Specification 属性设置为 SPEC 中的条目。下面显示了 SPEC 中的有效条目，其中的选项不区分大小写（带有*标志的设计参数选项需要 DSP 系统工具箱软件）。

'Fst1,Fp1,Fp2,Fst2,Ast1,Ap,Ast2'（默认 spec）

'N,F3dB1,F3dB2'

'N,F3dB1,F3dB2,Ap' *

'N,F3dB1,F3dB2,Ast' *

'N,F3dB1,F3dB2,Ast1,Ap,Ast2' *

'N,F3dB1,F3dB2,BWp' *

'N,F3dB1,F3dB2,BWst' *

'N,Fc1,Fc2'

'N,Fc1,Fc2,Ast1,Ap,Ast2'

'N,Fp1,Fp2,Ap'

'N,Fp1,Fp2,Ast1,Ap,Ast2'

'N,Fst1,Fp1,Fp2,Fst2'

'N,Fst1,Fp1,Fp2,Fst2,C' *

'N,Fst1,Fp1,Fp2,Fst2,Ap' *

'N,Fst1,Fst2,Ast'

'Nb,Na,Fst1,Fp1,Fp2,Fst2' *

滤波器设计参数定义如下所示：

Ast1——在第一个阻带的衰减，也称为 Astop1。

Ast2——在第二个阻带的衰减，也称为 Astop2。

BWp——滤波器通带的带宽。

BWst——滤波器阻带的带宽。

C——约束带标志。

F3dB1——低于通带值的 3db 点处的第一个截止频率(IIR 滤波器)。

F3dB2——低于通带值的 3db 点处的第二个截止频率(IIR 滤波器)。

Fc1——低于通带值的 6db 点处的第一个截止频率(FIR 滤波器)。

Fc2——低于通带值的 6db 点处的第二个截止频率(FIR 滤波器)。

Fp1——在通带起始边缘的频率，也称为 Fpass1。

Fp2——在通带结束边缘的频率，也称为 Fpass2。

Fst1——在第一个阻带开始边缘的频率，也称为 Fstop1。

Fst2——在第二个阻带开始边缘的频率，也称为 Fstop2。

N——FIR 滤波器的阶数。

Na——IIR 滤波器分母的阶数。

Nb——IIR 滤波器分子的阶数。

③D=fdesign.bandpass(spec,specvalue1,specvalue2,...);

构造对象 D 并在构造时设置参数。

④D=fdesign.bandpass(specvalue1,specvalue2,specvalue3,specvalue4,specvalue5,specvalue6);

使用默认的 Specification 属性构造 D，将 specvalue1、specvalue2、specvalue3、specvalue4、specvalue5 和 specvalue6 的值作为输入参数。

⑤D=fdesign.bandpass(...,Fs);

添加参数 Fs，并指定采样率的单位为 Hz。

⑥D=fdesign.bandpass(...,MAGUNITS);

指定输入参数中提供的任何幅频设计参数的单位。

fdesign.bandstop 的用法与 fdesign.bandpass 类似。

(4)介绍 design 的用法。

design 将设计方法应用于滤波器设计参数对象。

design 有四种使用方法。

①filt=design(D,'Systemobject',true);

使用滤波器设计参数对象 D 生成滤波器系统对象 filt。当不提供设计方法作为输入参数时，design 将使用默认的设计方法。

②filt=design(D,METHOD,'Systemobject',true);

使用 METHOD 指定的设计方法。METHOD 必须是 designmethods 返回的选项之一。

输入参数 METHOD 接受各种特殊的关键字，强制 design 以不同的方式运行。表 4.4 列出了可用于 METHOD 的关键字以及 design 如何响应该关键字(关键字不区分大小写)。

③filt=design(D,METHOD,PARAM1,VALUE1,PARAM2,VALUE2,...,'Systemobject',true);

指定设计方法选项。可以使用 help(D,METHOD)获取指定设计方法选项的完整信息。

④filt=design(D,METHOD,OPTS,'Systemobject',true);

使用 OPTS 结构指定设计方法选项。可以使用 help(D,METHOD)查看相关信息。

表 4.4　METHOD 关键字和 design 响应

关键字	响应的说明
'FIR'	强制 design 产生一个 FIR 滤波器。当对象 D 不存在 FIR 设计方法时，design 将返回一个错误
'IIR'	强制 design 产生一个 IIR 滤波器。当对象 D 不存在 IIR 设计方法时，design 将返回一个错误
'ALLFIR'	对 D 中的设计参数，从每个适用的 FIR 设计方法中生成滤波器，每个设计方法生成一个滤波器。因此，design 返回输出对象中的多个滤波器
'ALLIIR'	对 D 中的设计参数，从每个适用的 IIR 设计方法中生成滤波器，每个设计方法生成一个滤波器。因此，design 返回输出对象中的多个滤波器
'ALL'	对 D 中的设计参数，从每个适用的设计方法中生成滤波器，每个设计方法生成一个滤波器。因此，design 返回输出对象中的多个滤波器

(5) 介绍 FVTool 的用法。

FVTool 是滤波器的频率响应可视化工具。

FVTool 有三种使用方法。

① fvtool(sysobj);

显示滤波器系统对象的幅频响应。

② fvtool(sysobj,options);

显示由 options 指定的响应。

③ fvtool(____,'Arithmetic',arith);

根据 arith 中指定的算法，分析滤波系统对象。arith 设置为'double'、'single'或'fixed'，例如，要分析带有定点算法的 FIR 滤波器，则将 arith 设置为'fixed'。如未指定，默认值为'double'。'Arithmetic'属性仅适用于滤波系统对象。

(6) 使用 fdesign 设计滤波器的方法如下。

① 使用 fdesign.response 构造滤波器设计参数对象。

② 使用 designmethods 确定哪些滤波器设计方法适用于新的滤波器设计参数对象。

③ 使用 design 将从步骤②选择的滤波器设计方法应用到滤波器设计参数对象以构造滤波器对象。

④ 使用 FVTool 观察和分析滤波器对象。

(7) 举例说明 fdisign 的各种用法。

【例 4.1】　为了可视化 FIR 滤波器系统对象的冲激响应，将 options 设置为 impulse。

```
Fs=96e3;                           %指定Fs的值
%构造一个低通滤波器设计参数对象filtSpecs，通带开始时的频率为20e3Hz，阻带末端频率
%为22.05e3Hz，允许在通带中的波纹量为1dB，在阻带的衰减量为80dB，Fs定义使用的采样
%频率单位为Hz。
filtSpecs=fdesign.lowpass(20e3,22.05e3,1,80,Fs);
%生成滤波器系统对象firlp2
firlp2=design(filtSpecs,'equiripple','SystemObject',true);
fvtool(firlp2,'impulse');     %可视化FIR滤波器系统对象的冲激响应
```

结果如图 4.1 所示。

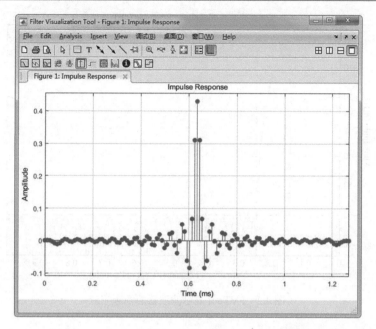

图 4.1　FVTool 显示 FIR 滤波器系统对象的冲激响应

【例 4.2】　设计低通滤波器实现对正弦信号的低通滤波。创建低通滤波器设计参数对象，指定通带频率为 $0.15\pi \text{rad/sample}$，阻带频率为 $0.25\pi \text{rad/sample}$。指定 1 dB 允许通带波纹和 60 dB 阻带衰减。

```
%创建低通滤波器设计参数对象d
d=fdesign.lowpass('Fp,Fst,Ap,Ast',0.15,0.25,1,60);
%查看可用的设计方法
M=designmethods(d, 'SystemObject',true)
Hd=design(d,'equiripple');              %生成滤波器系统对象Hd;
%创建一个FIR等波纹滤波器，并用FVTool观察滤波器的幅频响应
fvtool(Hd)
运行输出如下：
M=8x1 cell array
  {'butter'    }
  {'cheby1'    }
  {'cheby2'    }
  {'ellip'     }
  {'equiripple'}
  {'ifir'      }
  {'kaiserwin' }
  {'multistage'}
```

由以上运行结果可得，一共有 8 种可用设计方法，程序最终选择了 equiripple，从图 4.2 中的虚线也可以看出，通带频率为 $0.15\pi \text{rad/sample}$，阻带频率为 $0.25\pi \text{rad/sample}$，通带波纹为 1 dB 和 60 dB 的阻带衰减，幅频响应与参数设置完全一致。

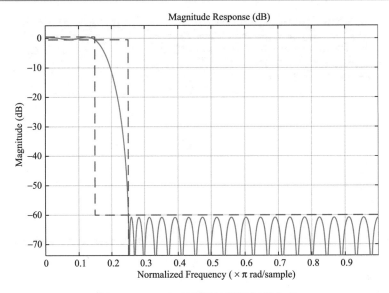

图 4.2　FVTool 显示滤波器的幅频响应

4.1.2　使用 Filter Builder 设计滤波器

Filter Builder 为面向对象的滤波器设计方式 fdesign 对象提供了图形界面，可以减少滤波器设计的开发时间。Filter Builder 使用以滤波器设计参数为导向的方法来设计所需响应的最佳算法。

1. Filter Builder 的三种使用方法

(1) filter Builder；

MATLAB 打开一个对话框，用于选择滤波器响应类型。选择滤波器响应类型后，FilterBuilder 将启动相应的滤波器设计对话框。

(2) filter Builder(h)；

打开已存在的滤波器对象 h 的设计对话框。

(3) filter Builder('response')；

MATLAB 打开一个对应于指定 response 的滤波器设计对话框。

使用 Filter Builder 的基本工作流程是先确定滤波器的约束和设计参数，并将其作为设计的出发点。

2. 使用 Filter Builder 设计滤波器的步骤

(1) 选择响应。

通过在命令窗口输入以下内容打开 Filter Builder 工具：

```
filterBuilder
```

随后将出现响应选择(Response Selection)对话框，如图 4.3 所示，列出了 DSP 系统工具箱中可用的所有滤波器响应。

选择一个响应后，如带通(Bandpass)，进入带通滤波器参数设定对话框，如图 4.4 所示。此对话框包含主窗口选项卡(Main)、数据类型选项卡(Data Types)和代码生成选项卡(Code Generation)。滤波器的性能参数通常在对话框的主窗口选项卡中设置。

图 4.3　滤波器响应选择　　　　　　图 4.4　主窗口选项卡参数设置

此外，也可以直接输入以下语句打开带通滤波器参数设定对话框。

```
filterBuilder('Bandpass pass');
```

数据类型选项卡提供精度和数据类型的设置，代码生成选项卡包含已完成的滤波器设计的各种实现选项。

带通滤波器设计对话框包含确定带通滤波器的性能指标所需的所有参数。主面板中列出的参数设置选项取决于所选择的滤波器响应类型。

(2) 设置滤波器性能指标参数。

要选择带通滤波器的性能指标参数，可以从主窗口选项卡的滤波器性能指标参数(Filter specifications)框架中设置冲激响应(Impulse response)、阶数(Order mode)和滤波器类型(Filter type)。通过在主窗口选项卡的对应框架中设置频带性能参数和幅度性能参数，可以进一步指定滤波器的响应。

(3) 选择算法。

滤波器设计算法取决于前面步骤中选择的滤波器响应和设计参数。例如，在带通滤波器的情况下，如果选择的冲激响应为 IIR，而阶数设置为 Minimum，如图 4.4 所示。

则可用的设计方法（Design method）为 Butterworth、Chebyshev type Ⅰ、Chebyshev type Ⅱ 或 Elliptic，而如果将阶数设置为 Specify，则可用的设计方法为 IIR least p—norm。

（4）自定义算法。

通过展开"算法（algorithm）"框架的"设计选项（Design options）"部分，可以进一步自定义指定的算法。可用的选项将取决于在对话框中已选择的算法和设置。例如，使用 Butterworth 方法的带通 IIR 滤波器，设计选项中的"精确匹配（Match exactly）"完全可用。选中"使用一个系统对象实现滤波器（Use a System object to implement filter）"复选框可为设计的滤波器生成系统对象。使用以上这些设置，filterBuilder 将生成一个 dsp.BiquadFilter 系统对象，如图 4.4 所示。

（5）分析设计。

要分析滤波器响应，可以单击带通滤波器参数设定对话框右上方的滤波器可视化工具（View Filter Response）按钮 View Filter Response 。

滤波器可视化工具打开滤波器响应图，如图 4.5 所示。

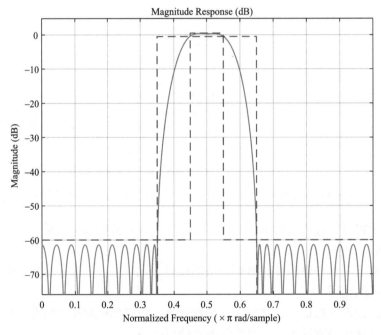

图 4.5　滤波器响应图

（6）应用滤波器处理输入数据。

①通过使用"滤波器可视化工具（Filter Visualization Tool）"设计和分析，实现所需的滤波器响应时，将滤波器应用于输入数据，在"带通设计（Bandpass Design）"对话框中，单击"确定（OK）"按钮，DSP 系统工具箱将创建滤波器系统对象并将其导出到 MATLAB 工作区。

②滤波器可用于处理实际输入数据。要对输入数据 x 进行滤波，在 MATLAB 命令提示符下输入以下内容：

```
>> y=Hbp(x);
```

【例 4.3】　使用 Filter Builder 设计低通滤波器。

(1)输入以下语句打开低通滤波器设计对话框。

```
filterBuilder('lowdpass');
```

低通滤波器的所有参数均选择默认设置，如图 4.6 所示。

图 4.6　主窗口选项卡参数设置

(2)单击 View Filter Response 按钮，得到图 4.7。

从图 4.7 可以看出低通滤波器的通带频率为 0.45 rad/sample，阻带频率为 0.55rad/sample，与设置的参数相符。

4.1.3　使用 Filter Designer 设计滤波器

Filter Designer 能够设计和分析数字滤波器，也可以导入和修改现有的滤波器设计。打开滤波器设计器 App，如图 4.8 所示。

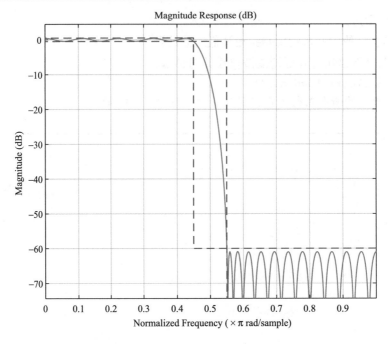

图 4.7　低通滤波器的幅频响应

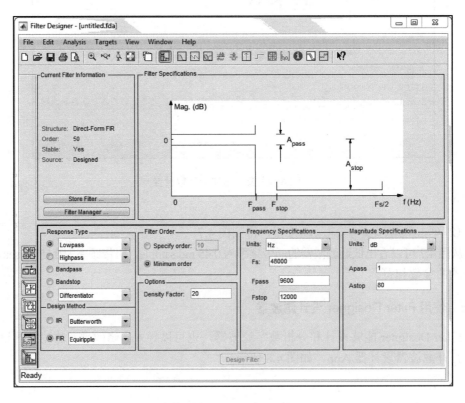

图 4.8　Filter Designer 窗口

Filter Designer 窗口顶部为菜单栏，包含一些基本的操作，菜单栏下方的一排图标，除了保存、打印等基本操作外，还包含切换不同视图的功能，中间区域分别为目前滤波器信息框、视图框以及对应于侧栏上不同设计工具的参数设置框。使用侧栏上的按钮来切换不同的设计工具，主要按钮介绍如表 4.5 所示。

表 4.5 侧栏按钮

图标	名称	功能说明
	设置量化参数	提供各种量化选项用于创建滤波器
	转换滤波器	使用数字频率转换来改变滤波器的幅频响应
	创建多速率滤波器	设计插值器、抽取器等多速率滤波器
	实现模型	在新模型窗口中创建滤波器结构的 Simulink 模型

【例 4.4】 设计一个从输入音乐信号频谱中删除音乐会国际标准音（440 Hz）的陷波滤波器。陷波滤波器的目的是从更广的频谱中移除一个或几个频率。必须通过适当地在滤波器设计器中设置滤波器设计选项来指定要移除的频率。下面是具体的设计步骤。

(1) 从响应类型（Response Type）的微分器（Differentiator）列表中选择 Notching；

(2) 在滤波器设计方法（Filter Design Method）中选择 IIR，并从列表中选择 Single Notch；

(3) 对于频率设计参数（Frequency Specifications），设置单位为 Hz，Fs 为 1000；

(4) 设置陷波的中心位置（Fnotch）为 440 Hz；

(5) 带宽（bandwidth）设置为 40；

(6) 将幅频响应设计参数（Magnitude Specification）的单位设置为 dB（默认值），并将 Apass 保留为 1；

以上设置如图 4.9 所示。

(7) 单击"设计滤波器（Design Filter）"按钮 ；

(8) 滤波器设计器计算滤波系数，并在分析区域中绘制滤波器响应，如图 4.10 所示；

从图 4.10 可以看出，陷波的中心位置在 440 Hz 处，与参数设置相符。

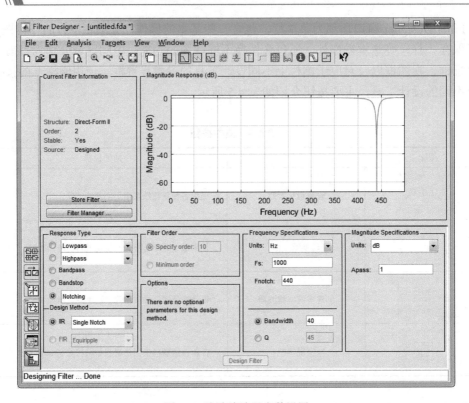

图 4.9 陷波滤波器参数设置

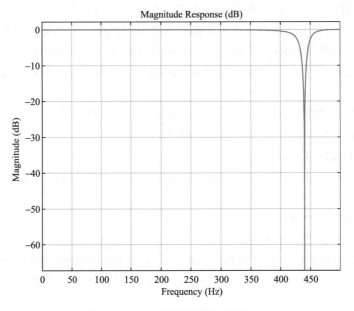

图 4.10 FIR 低通滤波器的冲激响应

4.2　滤波器分析

本节主要介绍滤波器分析的函数及可视化方法。

(1)分析滤波器和滤波对象的相关函数如表 4.6 所示。

表 4.6　分析滤波器和滤波对象函数

函数类别	函数名称	功能说明
滤波器设计和可视化工具	filterDesigner	打开滤波器设计器 App
	fvtool	可视化 DSP 滤波器的频率响应
滤波器响应特性	freqrespest	估计滤波器的频率响应
	freqrespopts	滤波器频率响应分析选项
	freqz	滤波器的频率响应
	grpdelay	离散时间滤波器系统对象的群时延响应
	impz	离散时间滤波器系统对象的冲激响应
	impzlength	冲激响应长度
	measure	测量滤波器系统对象的频率响应特性
	noisepsd	估计噪声下滤波器输出功率谱密度
	noisepsdopts	用于运行滤波器输出噪声 PSD 的选项
	phasedelay	离散时间滤波系统对象的相位延迟响应
	phasez	滤波器的展开相位响应
	stepz	离散时间滤波系统对象的阶跃响应
	zerophase	离散时间滤波系统对象的零相位响应
	zplane	离散时间滤波系统对象的 Z 平面零极图
滤波器属性	coeffs	滤波系数
	cost	评估实现滤波器系统对象的成本
	disp	滤波器属性和值
	double	采用双精度算法转换定点滤波器
	fftcoeffs	频域系数
	filtstates.cic	存储 CIC 滤波器状态
	info	有关滤波器的信息
	norm	滤波器的 P 范数
	nstates	滤波器状态数
	order	离散时间滤波系统对象的阶数
	reset	重置系统对象的内部状态
检查滤波器特性	firtype	线性相位 FIR 滤波器的类型
	isallpass	确定滤波器是不是全通滤波器
	isfir	确定滤波器系统对象是否为 FIR
	islinphase	确定滤波器是否具有线性相位
	ismaxphase	确定滤波器是否为最大相位
	isminphase	确定滤波器是否为最小相位

续表

函数类别	函数名称	功能说明
检查滤波器特性	isreal	确定滤波器是否使用实系数
	issos	确定滤波器是否为 SOS 形式
	isstable	确定滤波器是否稳定
	scalecheck	检查 SOS 滤波器的缩放比例
滤波器实现	block	从数字滤波器生成模块
	realizemdl	滤波器的 Simulink 子系统模块
滤波器系数转换	allpass2wdf	将全通多项式滤波系数转换为适合波数字滤波器结构的系数
	normalizefreq	在归一化频率与绝对频率之间转换滤波器设计指标
	wdf2allpass	波数字滤波到全通滤波的系数变换

(2)下面通过 FVTool，介绍滤波器可视化工具的用法，FVTool 的完整窗口如图 4.11 所示。

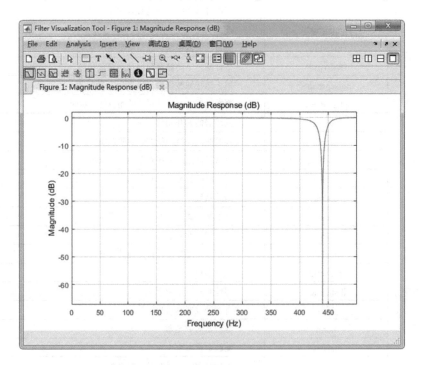

图 4.11　FVTool 窗口

有关 FVTool 的使用语法在 4.1 节中已详细介绍过，在此仅介绍 FVTool 窗口各工具栏图标的使用方法。通过 fvtool 函数打开滤波器可视化工具 FVTool，表 4.7 列出了 FVTool 专用的工具栏图标及其功能说明，表 4.8 列出了分析工具栏图标及其功能说明。

表 4.7　FVTool 专用工具栏图标

图标	功能说明
	还原默认视图。此视图显示数据周围的缓冲区域，仅显示重要数据
	切换说明，即是否显示对响应曲线的说明
	切换网格，即是否显示坐标背景的网格线
	链接到 Filter Designer（仅在 FVTool 是从 Filter Designer 启动的情况下，才显示此图标）
 	切换"添加模式/替换模式"（仅在 FVTool 是从 Filter Designer 启动的情况下，才显示此图标）

表 4.8　FVTool 分析工具栏图标

图标	功能说明
	显示当前滤波器的幅频响应
	显示当前滤波器的相位响应
	显示当前滤波器幅频响应和相位响应的叠加
	显示当前滤波器的群时延
	显示当前滤波器的相位延时
	显示当前滤波器的冲激响应
	显示当前滤波器的阶跃响应
	极零图，显示在 Z 平面上当前滤波器的极点和零点位置
	显示当前滤波器的滤波系数
	显示详细的滤波器信息

（3）以 grpdelay 的用法为例，介绍滤波器响应特性的分析方法。

grpdelay 的功能是返回离散时间滤波器系统对象的群时延响应。

grpdelay 有以下四种使用方法。

①[gd,w]=grpdelay(sysobj)；

根据当前的滤波系数返回滤波器系统对象 sysobj 的群时延。

②[gd,w]=grpdelay(sysobj,n)；

返回滤波器系统对象的群时延以及在单位圆的上半部分等距的 n 个点的相应频率。

③[gd,w]=grpdelay(sysobj,Name,Value)；

在一个或多个 Name、Value 对参数指定附加选项的情况下，返回群时延。

④grpdelay(sysobj)；

在 FVTool 中绘制滤波器系统对象 sysobj 的群时延。

【例 4.5】 计算离散时间多速率滤波器的群时延，并使用 FVTool 进行显示。

```
CICComp=dsp.CICCompensationDecimator;        %创建离散时间多速率滤波器
grpdelay(CICComp);                           %在FVTool中绘制滤波器系统对象CICComp的群时延
```

其中，CICComp=dsp.CICCompensationDecimator 语句返回一个系统对象 CICComp，将 FIR 抽取器应用于输入信号的每个通道。利用对象的属性，可以设计抽取滤波器来补偿前面的 CIC 滤波器。

从图 4.12 分析可知，离散时间多速率滤波器在线性阶段有一个恒定的群时延。

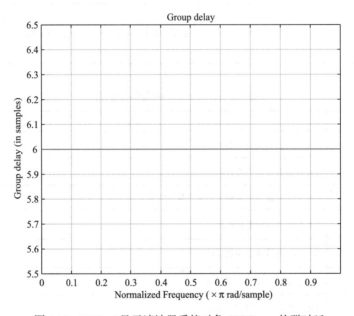

图 4.12 FVTool 显示滤波器系统对象 CICComp 的群时延

(4) 以 isallpass 为例，介绍滤波器特性判断函数的用法。

isallpass 的功能是判断滤波器是否为全通滤波器。

isallpass 有以下六种使用方法。

①flag=isallpass(b,a)；

返回一个逻辑输出 flag，如果滤波器由分子系数 b 和分母系数 a 指定，是一个全通滤波器，那么 flag 等于 true。反之，则 flag 等于 false。

②flag=isallpass(d)；

如果数字滤波器 d 是全通滤波器，则返回 true。

③flag=isallpass(...,tol)；

使用公差 tol 来确定两个数字何时接近到可以认为相等。如果未指定，默认为 eps^(2/3)。

④flag=isallpass(hs,...)；

如果滤波器系统对象 hs 是全通滤波器，返回 true。

⑤flag=isallpass(hs,'Arithmetic',arithtype);

根据指定的 arithtype 分析滤波器系统对象 hs。arithtype 可以是'double'、'single'或'fixed'。

⑥flag=isallpass(sos);

如果二阶子矩阵 sos 指定的滤波器是全通滤波器，则返回 true。

【例 4.6】 创建一个全通滤波器，并验证频率响应是否全通。

```
b=[1/3 1/4 1/5 1];        %指定分子系数b的值
a=fliplr(b);              %指定分母系数a的值
flag=isallpass(b,a);      %验证滤波器是否全通
```

运行输出如下：

```
flag=logical
  1
```

由于逻辑输出为 1，表示 true，说明构造的滤波器是全通滤波器。

(5) 以 allpass2wdf 为例，介绍滤波器系数转换函数的用法。

allpass2wdf 的功能是将全通多项式滤波系数转换为适合波数字滤波器结构的系数。

allpass2wdf 有以下两种使用方法。

①w=allpass2wdf(a);

接收全通多项式滤波器系数 a 向量，并返回转换后的系数 w。

②w=allpass2wdf(A);

接收全通多项式系数向量 A 的单元数组。A 的每个单元数组都含有级联全通滤波器的部分系数。w 也是一个单元数组，每一个 w 单元都包含了 A 对应单元系数的转换版本。

【例 4.7】 创建一个具有系数 a=[0 0.5] 的二阶全通滤波器。使用 allpass2wdf 将这些系数转换为波数字滤波器系数。使用波数字滤波器结构将转换后的系数分配给全通滤波器。将一个随机输入传递给这些滤波器并比较输出。

```
%创建一个具有系数 a=[0 0.5] 的二阶全通滤波器
a=[0 0.5];
allpass=dsp.AllpassFilter('AllpassCoefficients', a);
%转换系数，并将转换后的系数分配给全通滤波器
w=allpass2wdf(a);
%指定全通滤波器内部结构为'Wave Digital Filter',系数为w
allpasswdf=dsp.AllpassFilter('Structure','Wave Digital Filter',...
    'WDFCoefficients',w);
%构造随机输入
in=randn(512,1);
%两种滤波器的输出
outputAllpass=allpass(in);
outputAllpasswdf=allpasswdf(in);
plot(outputAllpass-outputAllpasswdf)
```

两种滤波器输出相减的结果如图 4.13 所示。

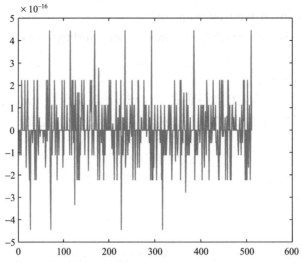

图 4.13　两种滤波器输出相减的结果

由图 4.13 可以看出，这两种输出的差别很小。

【例 4.8】　设计 FIR 和 IIR 低通滤波器并进行分析。创建最小阶 FIR 低通滤波器，其数据采样率为 44.1 kHz。指定 8 kHz 的通带频率，12 kHz 的阻带频率，通带波纹为 0.1 dB，阻带衰减为 80 dB。

```
%创建最小阶FIR低通滤波器
Fs=44.1e3;
filtertype='FIR';
Fpass=8e3;
Fstop=12e3;
Rp=0.1;
Astop=80;
FIRLPF=dsp.LowpassFilter('SampleRate',Fs, ...
                         'FilterType',filtertype, ...
                         'PassbandFrequency',Fpass, ...
                         'StopbandFrequency',Fstop, ...
                         'PassbandRipple',Rp, ...
                         'StopbandAttenuation',Astop);
%设计一个与FIR低通滤波器具有相同性质的最小阶IIR低通滤波器。将克隆滤波器的
%FilterType属性更改为IIR
IIRLPF=clone(FIRLPF);
IIRLPF.FilterType='IIR';
%绘制FIR低通滤波器的冲激响应
fvtool(FIRLPF,'Analysis','impulse')
%绘制IIR低通滤波器的冲激响应
fvtool(IIRLPF,'Analysis','impulse')
%绘制FIR低通滤波器的幅频响应和相位响应
```

```
fvtool(FIRLPF,'Analysis','freq')
%绘制IIR低通滤波器的幅频响应和相位响应
fvtool(IIRLPF,'Analysis','freq')
%计算实现FIR低通滤波器的成本
cost(FIRLPF)
%计算实现IIR低通滤波器的成本
cost(IIRLPF)
%计算FIR低通滤波器的群时延
grpdelay(FIRLPF)
%计算IIR低通滤波器的群时延
grpdelay(IIRLPF)
```

FIR 低通滤波器成本函数运行输出如下：

```
ans=struct with fields:
                  NumCoefficients: 39
                       NumStates: 38
        MultiplicationsPerInputSample: 39
            AdditionsPerInputSample: 38
```

IIR 低通滤波器成本函数运行输出如下：

```
ans=struct with fields:
                  NumCoefficients: 18
                       NumStates: 14
        MultiplicationsPerInputSample: 18
            AdditionsPerInputSample: 14
```

从以上运行结果可以看出，实现 IIR 滤波器比实现 FIR 滤波器的成本更低。

通过图 4.14 和图 4.15 的对比可以发现，对于 FIR 低通滤波器，冲激响应在有限时间内衰减为零，其输出仅取决于当前和过去的输入信号值。对于 IIR 低通滤波器，冲激响应理论上会无限持续，其输出不仅取决于当前和过去的输入信号值，也取决于过去的信号输出值。

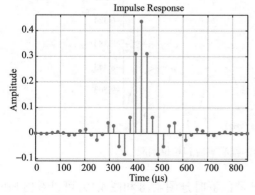

图 4.14　FIR 低通滤波器的冲激响应

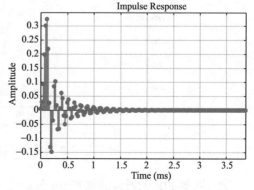

图 4.15　IIR 低通滤波器的冲激响应

从图 4.16 可知，FIR 低通滤波器在低频段，随频率增加，相位线性减小，而幅值开始保持稳定，到达一定频率会快速减小。

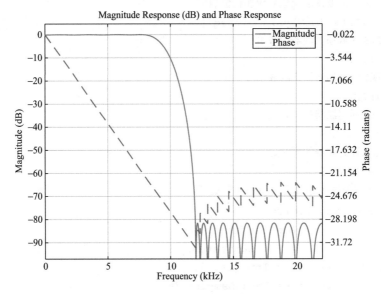

图 4.16　FIR 低通滤波器的幅频响应和相位响应

从图 4.17 可知，IIR 低通滤波器在低频段，随频率增加，相位减小，而幅值开始保持稳定，到达一定频率也快速减小。

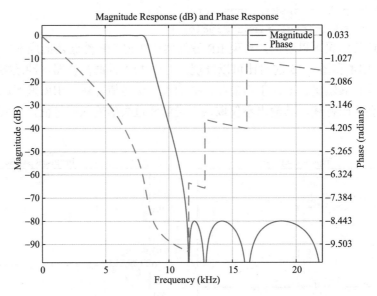

图 4.17　IIR 低通滤波器的幅频响应和相位响应

通过观察 FIR 低通滤波器和 IIR 低通滤波器的群时延图 4.18 和图 4.19，可以看出 FIR 低通滤波器在线性阶段有一个恒定的群时延，而 IIR 低通滤波器却没有。

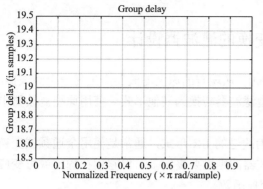

图 4.18　FIR 低通滤波器的群时延　　　　图 4.19　IIR 低通滤波器的群时延

此外，也可以单击响应添加绘图数据提示，以显示有关响应上特定点的信息，如图 4.20 所示。

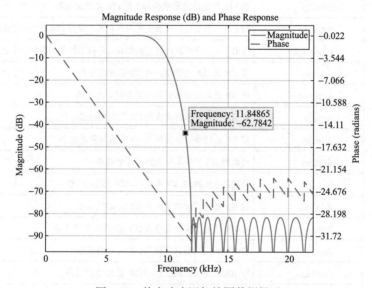

图 4.20　单击响应添加绘图数据提示

要更改滤波器的采样率，右击任何滤波器响应图，然后从快捷菜单中选择"采样率（Sampling Frequency）"选项，具体设置如图 4.21 所示。

图 4.21　更改采样率

4.3　基于频域变换的滤波器设计

基于频域变换的滤波器设计是指在频域中，从现有的原型滤波器产生另一个滤波器，并且保留一些原型滤波器的特性，即将原型滤波器转换为其他形式，使用原型滤波器中的特性来开发另一个滤波器。

将现有的 FIR 或 IIR 滤波器设计变换为改进的 IIR 形式，通常是使用全通频域变换进行的。虽然变换后得到的设计比原型滤波器的维度要高得多，但它们在固定或可变应用中具有更大的优势。表 4.9 给出了相关变换函数。

表 4.9　FIR 和 IIR 变换函数

函数类别	函数名称	功能说明
FIR	firlp2hp	将 FIR 低通滤波器变换为 I 型 FIR 高通滤波器
	firlp2lp	将 FIR I 型低通滤波器变换为带有逆带宽的 FIR I 型低通滤波器
IIR	iirbpc2bpc	将 IIR 复合带通滤波器变换为具有不同特性的 IIR 复合带通滤波器
	iirlp2bp	将 IIR 低通滤波器变换为 IIR 带通滤波器
	iirlp2bpc	将 IIR 低通滤波器变换为复合带通滤波器
	iirlp2bs	将 IIR 低通滤波器变换为 IIR 带阻滤波器
	iirlp2bsc	将 IIR 低通滤波器变换为 IIR 复合带阻滤波器
	iirlp2hp	将低通 IIR 滤波器变换为高通滤波器
	iirlp2lp	将低通 IIR 滤波器变换为不同的低通滤波器
	iirlp2mb	将 IIR 低通滤波器变换为 IIR M-带滤波器
	iirlp2mbc	将 IIR 低通滤波器变换为 IIR 复合 M-带滤波器
	iirlp2xc	将 IIR 低通滤波器变换为 IIR N-点滤波器
	iirlp2xn	将 IIR 低通滤波器变换为 IIR 实 N-点滤波器
	iirpowcomp	功率互补 IIR 滤波器

下面以 firlp2hp 等几个函数的用法为例，介绍基于函数的频域变换使用方法。

4.3.1　FIR 变换函数

1. firlp2hp 的用法

firlp2hp 的功能是将 FIR 低通滤波器变换为 I 型 FIR 高通滤波器。

firlp2hp 有以下三种使用方法。

（1）g=firlp2hp(b)；

将低通 FIR 滤波器 b 转换为 I 型高通 FIR 滤波器 g，同时 g 具有零相位响应 $\mathrm{Hr}(\pi-w)$。滤波器 b 可以是任何 FIR 滤波器，包括非线性相位滤波器。

g 的通带和阻带波纹将等于 b 的通带和阻带波纹。

（2）g=firlp2hp（b，'narrow'）；

将低通 FIR 滤波器 b 转换为 I 型窄带高通 FIR 滤波器 g，同时 g 具有零相位响应 $\mathrm{Hr}(\pi-w)$。滤波器 b 可以是任何 FIR 滤波器，包括非线性相位滤波器。

（3）g=firlp2hp（b，'wide'）；

将具有零相位响应 $\mathrm{Hr}(w)$ 的 I 型低通 FIR 滤波器 b 转换为具有零相位响应 $1-\mathrm{Hr}(w)$ 的 I 型宽带高通 FIR 滤波器 g。b 必须是 I 型线性相位滤波器。

g 的通带和阻带波纹将等于 b 的通带和阻带波纹。

【例 4.9】　将窄带低通滤波器转换为高通滤波器。

```
%创建一个窄带低通滤波器作为原型滤波器使用，并显示其零相位响应
b=firgr(36, [0 0.2 0.25 1], [1 1 0 0], [1 3]);
zerophase(b)
%将原型滤波器转换为窄带高通滤波器，并将新滤波器的零相位响应添加到绘图中
h=firlp2hp(b);
hold on
zerophase(h)
%将原型滤波器转换为宽带高通滤波器，并将新滤波器的零相位响应添加到绘图中
g=firlp2hp(b, 'wide');
zerophase(g)
hold off
```

图 4.22 是原型滤波器的零相位响应，图 4.23 是原型滤波器和窄带高通滤波器的零相位响应，图 4.24 是原型滤波器和窄带、宽带高通滤波器的零相位响应。

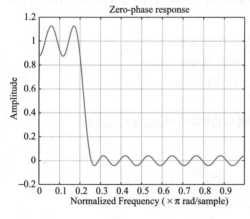

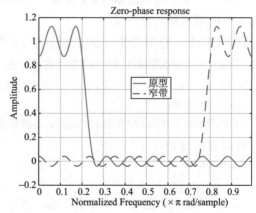

图 4.22　原型滤波器的零相位响应　　图 4.23　原型滤波器和窄带高通滤波器的零相位响应

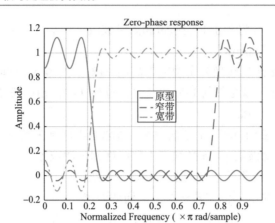

图 4.24　原型滤波器和窄带、宽带高通滤波器的零相位响应

从运行结果可以看出，原型滤波器与转换后的窄带高通滤波器、宽带高通滤波器具有相同的通带和阻带波纹。

2. firlp2lp 的用法

firlp2lp 的功能是将 FIR Ⅰ 型低通滤波器变换为带有逆带宽的 FIR Ⅰ 型低通滤波器。
firlp2lp 有一种使用方法：
g=firlp2lp(b);
将具有零相位响应 $\mathrm{Hr}(w)$ 的 Ⅰ 型低通 FIR 滤波器 b 转换为具有零相位响应 $1-\mathrm{Hr}(\pi-w)$ 的 Ⅰ 型低通 FIR 滤波器 g。

当 b 是一个窄带滤波器时，g 将是一个宽带滤波器，反之亦然。g 的通带和阻带波纹将等于 b 的阻带和通带波纹。

【例 4.10】　将窄带低通滤波器转换为宽带低通滤波器。

```
%创建一个窄带低通滤波器作为原型滤波器使用，并显示其零相位响应
b=firgr(36,[0 0.2 0.25 1],[1 1 0 0],[1 5]);
zerophase(b)
%将原型滤波器转换为宽带低通滤波器，并将新滤波器的零相位响应添加到绘图中
h=firlp2lp(b);
hold on
zerophase(h)
%将上一个滤波器转换回窄带低通滤波器，并将新滤波器的零相位响应添加到绘图中
g=firlp2lp(h);
[gr,w]=zerophase(g);
plot(w/pi,gr,'--'), 'LineWidth', 3
hold off
```

图 4.25 是原型滤波器的零相位响应, 图 4.26 是原型滤波器和宽带低通滤波器的零相位响应, 图 4.27 是原型、宽带低通滤波器和新的窄带低通滤波器的零相位响应。

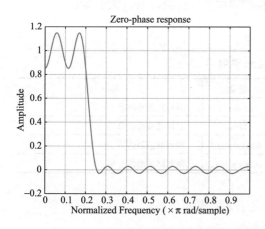

图 4.25　原型滤波器的零相位响应

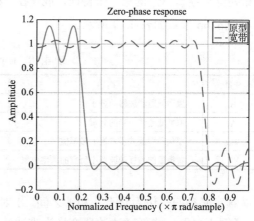

图 4.26　原型滤波器和宽带低通滤波器的零相位响应

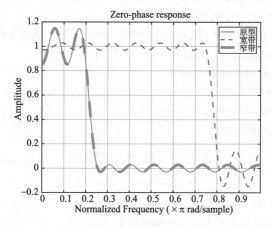

图 4.27　原型、宽带低通滤波器和新的窄带低通滤波器的零相位响应

从运行结果可以看出, 原型滤波器的通带和阻带波纹等于宽带低通滤波器的阻带与通带波纹, 重新转换回来的窄带低通滤波器与原型滤波器完全一致。

4.3.2　IIR 变换函数

1. iirlp2bp 的用法

iirlp2bp 的功能是将 IIR 低通滤波器变换为 IIR 带通滤波器。

iirlp2bp 有一种使用方法:

[Num,Den,AllpassNum,AllpassDen]=iirlp2bp（B,A,Wo,Wt）;

原型低通滤波器的分子和分母分别由 B 和 A 指定, 通过应用二阶实部低通到实部高通的频率映射, 将一个实部低通原型滤波器变换为目标滤波器, 并分别返回目标滤波器的分子和分母向量 Num 和 Den。

此外，还返回全通映射滤波器的分子 AllpassNum 和分母 AllpassDen。

这种变换有效地将原型滤波器位于频率 _W$_o$ 的一个特征，放置在目标频率位置 Wt$_1$ 处，将最初位于频率 +W$_o$ 的第二个特征，放置在目标频率位置 Wt$_2$ 处，Wt$_2$ 大于 Wt$_1$。

iirlp2bp 参数如表 4.10 所示。

表 4.10　iirlp2bp 参数

变量	描述	变量	描述
B	原型低通滤波器的分子	Num	目标滤波器的分子
A	原型低通滤波器的分母	Den	目标滤波器的分母
Wo	要从原型滤波器转换的频率值	AllpassNum	映射滤波器的分子
Wt	转换后的目标滤波器中所需的频率位置	AllpassDen	映射滤波器的分母

频率必须归一化为介于 0 和 1 之间，1 对应于采样率的一半。

【例 4.11】　将低通滤波器变换为带通滤波器。

```
%设计一个原型实部IIR低通椭圆滤波器，在0.5π rad/sample处大概有-3dB的增益
[b,a]=ellip(3,0.1,30,0.409);
%通过将原型滤波器的截止频率放置在0.25π和0.75π，创建一个实部带通滤波器
[num,den]=IIRlp2bp(b,a,0.5,[0.25 0.75]);
%使用FVTool比较滤波器的幅频响应
hvft=fvtool(b,a,num,den);
legend(hvft,'Prototype','Target')
```

运行输出如图 4.28 所示。

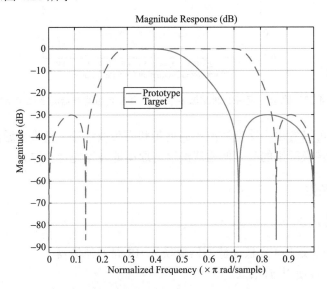

图 4.28　低通滤波器和带通滤波器的幅频响应

通过图 4.28 可以看出，原型滤波器位于 0.5π rad/sample 左右侧的特征，分别被放置在了带通滤波器 0.25π rad/sample 和 0.75π rad/sample 处。

2. iirlp2lp 的用法

iirlp2lp 的功能是将低通 IIR 滤波器变换为不同的低通滤波器。

iirlp2lp 有一种使用方法：

[num,den]=iirlp2lp（b,a,wc,wd）；

输入参数 b 和 a，分别为低通 IIR 滤波器的分子和分母系数（零点和极点），iirlp2lp 将幅频响应从低通转换为另一个低通。num 和 den 返回转换后的低通滤波器的系数。wc 输入从原低通滤波器中选定的频率。使用所选频率在新低通滤波器中定义所需的幅频响应值。wd 输入新低通滤波器的一个频率，该频率值为转换后新频率所在位置。所有频率都进行归一化，进行变换时，滤波器阶数不会变。

当选择 wc 并指定 wd 时，变换算法会将新滤波器 wd 处的幅频响应设置为与低通滤波器 wc 处的幅频响应相同。

【例 4.12】　　延长低通滤波器通带。通过将原型滤波器的一个频率的幅频响应移动到变换后的滤波器中的新位置，来变换低通 IIR 滤波器的通带。

```
%生成一个最小p范数且最优的IIR低通滤波器，其在阻带中有不同的衰减水平。指定分子阶数为
%10，分母阶数为6。
[b,a]=IIRlpnorm(10,6,[0 0.0175 0.02 0.0215 0.025 1], ...
    [0 0.0175 0.02 0.0215 0.025 1],[1 1 0 0 0 0], ...
    [1 1 1 1 10 10]);
%可视化滤波器的幅频响应。
fvtool(b,a);
```

结果如图 4.29 所示。

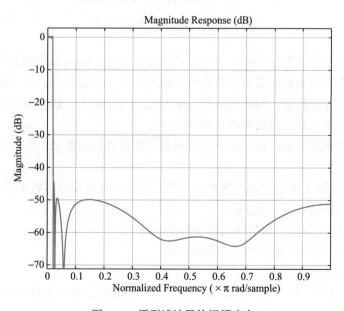

图 4.29　原型滤波器的幅频响应

```
%生成一个通带延伸到0.2π rad/sample的新低通滤波器。选择原低通滤波器位于0.0175π的
%频率，通带在该频率处频率响应下降，并将其移动到新的位置
wc=0.0175;
wd=0.2;
[num,den]=IIRlp2lp(b,a,wc,wd);
%使用FVTool比较滤波器的幅频响应
hvft=fvtool(b,a,num,den);
legend(hvft,'Prototype','Target');
```

两种滤波器的幅频响应如图 4.30 所示。

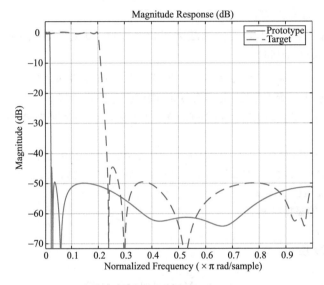

图 4.30　两种滤波器的幅频响应

从图 4.30 的运行结果可以看出,将通带的边缘从 π rad/sample 转移到了 0.2π rad/sample,从而生成了一个新的低通滤波器,其峰值响应与原型滤波器相同,具有相同的波纹和幅值。衰减的陡峭程度稍低,两种滤波器的阻带轮廓是相同的。新滤波器阻带是原型滤波器的"拉伸"版本,新滤波器的通带也是。

选择合适的频域变换,以达到所需的效果并保留原型滤波器的特性是非常重要的。频域变换的优点如下。

(1)大多数频域变换是用闭式解来描述的, 或者可以从线性方程组中计算出来。

(2)给出可预知和熟知的结果。

(3)目标滤波器保留了原型滤波器的波纹高度。

(4)在架构上很契合变量和自适应滤波器。

频域变换的缺点如下。

(1)有些情况下, 使用优化方法来设计所需的滤波器会得到更好的结果。

(2)高阶变换增加目标滤波器的维数, 使计算量变大。

4.4 单速率滤波器

单速率滤波器是指在滤波过程中不改变信号采样率的数字滤波器。因此，如果将一个单速率滤波器应用于输入信号，则输出信号与输入信号会具有相同的采样率。单速率滤波器系统对象、模块和函数如表 4.11 所示。

表 4.11 单速率滤波器系统对象、模块和函数

属性类别	属性名称	功能说明
系统对象	dsp.AnalyticSignal	解析离散时间输入信号
	dsp.Differentiator	直接型 FIR 全带微分滤波器
	dsp.FIRFilter	静态或时变 FIR 滤波器
	dsp.HDLFIRFilter	有限冲激响应滤波器——优化 HDL 代码生成
	dsp.HampelFilter	使用 Hampel 标识滤波异常值
	dsp.HighpassFilter	FIR 或 IIR 高通滤波器
	dsp.LowpassFilter	FIR 或 IIR 低通滤波器
	dsp.MedianFilter	中值滤波器
	dsp.VariableBandwidthFIRFilter	可变带宽 FIR 滤波器
	dsp.FrequencyDomainFIRFilter	在频域滤波输入信号
	dsp.AllpassFilter	单级或级联全通滤波器
	dsp.AllpoleFilter	无零点 IIR 滤波器
	dsp.BiquadFilter	使用双二次结构的 IIR 滤波器
	dsp.CoupledAllpassFilter	耦合全通 IIR 滤波器
	dsp.IIRFilter	无限冲激响应(IIR)滤波器
	dsp.NotchPeakFilter	二阶可调陷波和峰值 IIR 滤波器
	dsp.VariableBandwidthIIRFilter	可变带宽 IIR 滤波器
模块	Analytic Signal	计算解析离散时间输入信号
	Differentiator Filter	直接型 FIR 全带微分滤波器
	Discrete Filter	建模无限冲激响应(IIR)滤波器
	DiscreteFIRFilter	建模 FIR 滤波器
	DiscreteFIRFilter HDL Optimized	有限冲激响应滤波器——优化 HDL 代码生成
	Frequency-DomainFIRFilter	在频域中滤波输入信号
	Hampel Filter	使用 Hampel 标识滤波异常值
	Highpass Filter	设计 FIR 或 IIR 高通滤波器
	Lowpass Filter	设计 FIR 或 IIR 低通滤波器
	Median Filter	中值滤波器
	Variable BandwidthFIRFilter	设计可变带宽 FIR 滤波器
	Allpass Filter	单级或级联全通滤波器

属性类别	属性名称	功能说明
模块	Allpole Filter	建模 allpole 滤波器
	Biquad Filter	建模双二次结构 IIR(SOS)滤波器
	Notch-Peak Filter	设计二阶可调陷波和峰值 IIR 滤波器
	Variable BandwidthIIRFilter	设计可变带宽 IIR 滤波器
函数	Convert	变换离散时间滤波器的滤波结构
	Sysobj	从离散时间滤波器创建滤波器系统对象
	Filter	使用滤波器对象滤波数据
	dfilt.delay	延迟滤波器
	dfilt.dffir	离散时间直接形式 FIR 滤波器
	dfilt.dffirt	离散时间直接形式 FIR 转置滤波器
	dfilt.dfsymfir	离散时间直接形式对称 FIR 滤波器
	dfilt.dfasymfir	离散时间直接形式反对称 FIR 滤波器
	dfilt.farrowlinearfd	基于 Farrow 结构的线性分数延迟滤波器
	dfilt.farrowfd	基于 Farrow 结构的分数延迟滤波器
	dfilt.fftfir	离散时间重叠相加 FIR 滤波器
	dfilt.latticemamax	具有最大相位的离散时间、lattice、移动平均滤波器
	dfilt.latticemamin	具有最小相位的离散时间、lattice、移动平均滤波器
	dfilt.scalar	离散时间标量滤波器
	dfilt.allpass	全通滤波器
	dfilt.calattice	耦合全通 lattice 滤波器
	dfilt.calatticepc	耦合全通功率互补 lattice 滤波器
	dfilt.df1	离散时间直接 I 型滤波器
	dfilt.df1sos	离散时间 SOS 直接 I 型滤波器
	dfilt.df1t	离散时间直接 I 型转置滤波器
	dfilt.df1tsos	离散时间 SOS 直接 I 型转置滤波器
	dfilt.df2	离散时间直接 II 型滤波器
	dfilt.df2sos	离散时间 SOS 直接 II 型滤波器
	dfilt.df2t	离散时间直接 II 型转置滤波器
	dfilt.df2tsos	离散时间 SOS 直接 II 型转置滤波器
	dfilt.latticeallpass	离散时间 lattice 全通滤波器
	dfilt.latticear	离散时间 lattice 自回归滤波器
	dfilt.latticearma	离散时间 lattice 自回归移动平均滤波器
	dfilt.wdfallpass	波数字全通滤波器
	dfilt.cascade	级联离散时间滤波器
	dfilt.parallel	离散时间并行结构滤波器
	dfilt.cascadeallpass	级联全通离散时间滤波器
	dfilt.cascadewdfallpass	级联全通 WDF 滤波器来构造全通 WDF

4.4.1 基于系统对象的单速率滤波器使用方法

下面以 dsp.MedianFilter 等几个系统对象的用法为例，介绍基于系统对象的单速率滤波器使用方法。

dsp.MedianFilter 系统对象构建中值滤波器，计算输入信号每个通道的移动中位数。该对象使用滑动窗法计算移动中值，在此方法中，一个指定长度的窗在每个通道上移动，通过样本进行采样，对象则计算窗中数据的中值。

对象接受多通道输入，比如 $m \times n$ 大小输入，其中 $m \geqslant 1$ 和 $n > 1$。m 是每个帧(或通道)中的样本数，n 是通道数。对象还接受可变大小的输入。锁定对象后，可以更改每个输入通道的大小，但是通道的数量无法更改。

要计算输入的移动中值，需执行以下步骤。

(1)创建 dsp.MedianFilter 对象并设置对象的属性；

(2)调用 step 计算移动中值。

dsp.MedianFilter 有以下三种使用方法。

(1)medFilt=dsp.MedianFilter；

返回一个中值滤波器对象 medFilt，使用默认属性。

(2)medFilt=dsp.MedianFilter(Len)；

将 WindowLength 属性设置为 Len。

(3)medFilt=dsp.MedianFilter(Name,Value)；

使用 Name、Value 指定属性。未指定的属性具有默认值。

相关属性如表 4.12 所示。

表 4.12 dsp.MedianFilter 属性

属性名称	功能说明
WindowLength	滑动窗长度，指定为一个正标量整数

【例 4.13】   从陀螺仪数据中去除高频噪声，使用 dsp.MedianFilter 系统对象从流式信号中移除高频异常值。

使用 dsp.MatFileReader 系统对象读取陀螺仪 MAT 文件。陀螺仪 MAT 文件包含三列数据，每列包含 7140 个样本。三列表示陀螺仪运动传感器的 X 轴、Y 轴和 Z 轴数据。选择 714 个样本的帧大小，以便数据的每一列包含 10 帧。dsp.MedianFilter 系统对象使用长度为 10 的窗口。创建 dsp.TimeScope 对象以查看滤波后的输出。

```
%读取陀螺仪MAT文件
reader=dsp.MatFileReader('SamplesPerFrame',714,'Filename',…
  'LSM9DS1gyroData73.mat','VariableName','data');
medFilt=dsp.MedianFilter(10);                    %使用长度为10的窗口
%创建dsp.TimeScope对象以查看滤波后的输出
scope=dsp.TimeScope('NumInputPorts',1,'SampleRate',119,'YLimits',[-300
  300], 'ChannelNames',{'Input','FilteredOutput'},'TimeSpan',60,
```

```
'ShowLegend',true);
%使用dsp.MedianFilter系统对象滤波陀螺仪数据,在示波器上查看已滤波的Z轴数据
for i=1:10
    gyroData=reader();
    filteredData=medFilt(gyroData);
    scope([gyroData(:,3),filteredData(:,3)]);
end
```

运行输出如图 4.31 所示。

原始数据包含几个异常点。放大数据以确认中值滤波器已移除所有的异常点，如图 4.32 所示。

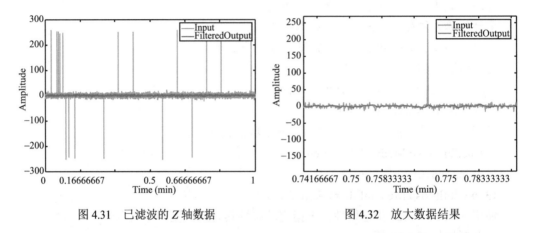

图 4.31　已滤波的 Z 轴数据　　　　图 4.32　放大数据结果

查看放大结果，如图 4.32 所示，明显看出中值滤波器已移除所有的异常点。

4.4.2　基于函数的单速率滤波器使用方法

下面以 dfilt.delay 等几个函数的用法为例，介绍基于函数的单速率滤波器使用方法。

1. dfilt.delay 函数的用法

dfilt.delay 函数的功能是用于创建延迟滤波器。

dfilt.delay 函数有以下两种使用方法。

（1）Hd=dfilt.delay；

返回 delay 型的离散时间滤波器 Hd，它将一个信号延迟添加到 Hd 滤波的任何信号中。滤波后信号的值有一个样本延迟。

（2）Hd=dfilt.delay（latency）；

返回 delay 型的离散时间滤波器 Hd，它将 latency 中指定的延迟单位数添加到 Hd 滤波的任何信号中。被滤波信号的值有 latency 个样本延迟。在延迟信号之前出现的值是滤波器状态。

【例 4.14】　创建一个 latency 为 4 的延迟滤波器，并滤波一个简单的信号，以查看应用延迟的影响。

```
h=dfilt.delay(4);                        %创建一个latency为4的延迟滤波器
Fs=1000;
t=0:1/Fs:1;
sig=cos(2*pi*100*t);                     %创建一个简单信号
y=filter(h,sig);                         %滤波信号
subplot(211);
stem(sig,'markerfacecolor',[0 0 1]);     %按茎状形式绘图
axis([0 20 -2 2]);                       %指定横纵坐标
title('Input Signal');                   %指定标题
subplot(212);
stem(y,'markerfacecolor',[0 0 1]);
axis([0 20 -2 2]);
title('Delayed Signal');
```

输入信号和延迟后信号如图 4.33 所示。

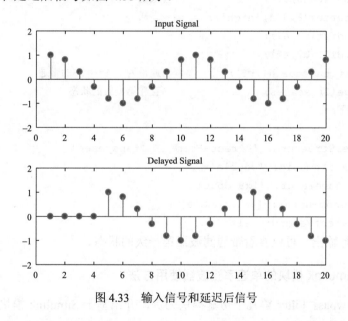

图 4.33　输入信号和延迟后信号

从图 4.33 可以看出，应用 latency 为 4 的延迟滤波器后，延迟后信号与输入信号相比有了 4 个样本的延迟。

2. dfilt.cascade 函数的用法

dfilt.cascade 的功能是用于级联离散时间滤波器。

dfilt.cascade 有一种使用方法：

hd=dfilt.cascade(filterobject1,filterobject2,...);

返回一个 cascade 型离散时间滤波器对象 hd，它是两个或多个滤波器对象 filterobject1、filterobject2 等的串行互联。dfilt.cascade 接受任意组合的 dfilt 对象（离散时间滤波器）来进行级联。

也可以使用以下方法级联一个或多个滤波器：

cascade（hd1,hd2,...）；

其中 hd1、hd2 等可以是混合类型，如 dfilt 对象和其他滤波对象，如图 4.34 所示。

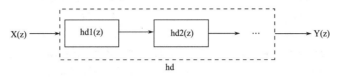

图 4.34　级联滤波器

级联中的所有滤波器必须具有相同的算术格式——double、single 或 fixed。返回的滤波器对象 hd 继承级联滤波器的格式。

【例 4.15】　级联一个低通滤波器和一个高通滤波器，从而产生一个带通滤波器。

```
[b1,a1]=butter(8,0.6);          %低通
[b2,a2]=butter(8,0.4,'high');   %高通
h1=dfilt.df2t(b1,a1);
h2=dfilt.df2t(b2,a2);
hcas=dfilt.cascade(h1,h2);      %通带为0.4～0.6的带通
Hcas.stage(1).states;           %查看第一级的状态
```

运行输出如下：

```
ans=
    FilterStructure: 'Direct-Form II Transposed'
         Arithmetic: 'double'
          Numerator: [1x9 double]
        Denominator: [1x9 double]
   PersistentMemory: false
```

从以上运行输出，可以查看带通滤波器第一级的状态。

4.4.3　基于 Simulink 模块的单速率滤波器使用方法

下面以 Lowpass Filter 等几个仿真模块为例，介绍基于 Simulink 模块的单速率滤波器使用方法。

1. Lowpass Filter 模块的用法

Lowpass Filter 模块如图 4.35 所示。

图 4.35　Lowpass Filter 模块

低通滤波器模块使用给定的设计参数独立地滤波输入信号的每个通道。

可以通过设置模块的 Filter type 参数将该模块指定为 FIR 或 IIR 低通滤波器。该模块根据模块对话框中指定的参数设计滤波器。

输入信号可以是实数或复数的列向量或矩阵。如果输入信号为矩阵，则矩阵的每一列被视为一个独立通道。该模块支持定点操作、HDL 代码生成和 ARM Cortex 代码生成。

对话框包含两个选项卡，分别为主选项卡和数据类型选项卡。

1）主选项卡（图 4.36）

图 4.36　主选项卡

主选项卡的参数如表 4.13 所示。

表 4.13　主选项卡参数

参数名称	功能说明
滤波器类型 （Filter type）	FIR（默认）——设计一个 FIR 低通滤波器。 IIR——设计一个 IIR 低通滤波器
设计最小阶滤波器 （Design minimum order filter）	选中此复选框后，该模块将设计一个具有最小阶和指定通带、阻带频率、通带波纹和阻带衰减的滤波器。默认情况下，此复选框为选中状态
滤波器阶数 （filter order）	低通滤波器阶数，指定为正标量整数。只有在未勾选 Design minimum order filter 复选框时，才能指定滤波器阶数，默认值为 50
通带边缘频率（Hz） （Passband edge frequency）	低通滤波器的通带边缘频率，单位为 Hz 的实正标量。通带边缘频率必须小于 Input sample rate（Hz）值的一半，默认值为 8e3
阻带边缘频率（Hz） （Stopband edge frequency）	低通滤波器的阻带边缘频率，单位为 Hz 的实正标量。阻带边缘频率必须小于 Input sample rate（Hz）值的一半。只有在勾选了 Design minimum order filter 复选框时，才能指定阻带边缘频率，默认值为 12e3
最大通带波纹（dB） （Maximum passband ripple）	滤波器在通带响应的最大波纹，单位为 dB 的实正标量，默认值为 0.1

续表

参数名称	功能说明
最小阻带衰减(dB) (Minimum stopband attenuation)	在阻带的最小衰减,单位为 dB 的实正标量,默认值为 80
从输入继承采样率 (Inherit sample rate from input)	选中此复选框后,该模块将从输入信号继承其采样速率。清除此复选框时,可以指定 Input sample rate(Hz)中的采样速率
输入采样率(Hz) (Input sample rate)	输入采样速率,单位为 Hz 的标量,默认值为 44100
仿真使用 (Simulate using)	要运行的仿真类型。可以将此参数设置为: ①Interpreted execution(默认),用 MATLAB 解释器仿真模型。此选项缩短了启动时间,但仿真速度比 Code generation 慢。 ②Code generation,使用生成的 C 代码仿真模型。第一次运行仿真时,Simulink 为模块生成 C 代码。只要模型不改变,C 代码就会被重复使用以进行后续仿真。此选项需要额外的启动时间,但比 Interpreted execution 的仿真速度快
查看滤波器响应 (View Filter Response)	打开滤波器可视化工具 FVTool,并显示低通滤波器的幅频/相位响应。响应基于模块对话框参数,对这些参数所做的更改将更新 FVTool。 要在 FVTool 运行时更新幅频响应,只需修改对话框参数,然后单击应用(Apply)

2) 数据类型选项卡(图 4.37)

图 4.37 数据类型选项卡

数据类型选项卡的参数如表 4.14 所示。

表 4.14 数据类型选项卡参数

参数名称	功能说明
舍入模式	输出定点操作的舍入方法。舍入方法有 Ceiling、Convergent、Floor、Nearest、Round、Simplest 和 Zero，默认为 Floor
系数	系数的定点数据类型，指定为下列之一： ①fixdt(1，16)(默认)——字长 16 的有符号定点数据类型，具有二进制点缩放。模块根据系数值自动确定分数长度，使系数在不溢出的情况下占据最大的可表示范围 ②fixdt(1，16，0)——有符号定点数据类型的字长为 16，分数长度为 0。可以将分数长度更改为任意整数值 ③<data type expression>——使用计算结果为数据类型对象的表达式指定数据类型 ④Refresh Data Type——刷新为默认数据类型

支持的数据类型如表 4.15 所示。

表 4.15 支持的数据类型

端口	支持的数据类型
输入	①双精度浮点数 ②单精度浮点数 ③固定点(有符号或无符号)
输出	①双精度浮点数 ②单精度浮点数 ③固定点(有符号或无符号)

【例 4.16】 设计一个最小阶 FIR 低通滤波器，并使用 FVTool 显示低通滤波器的幅频响应。

(1)在 Simulink 库浏览器中找到 Lowpass Filter 模块，然后将其拖到放置区域，如图 4.38 所示。

(2)双击 Lowpass Filter 模块，打开参数设置对话框进行参数设置，如图 4.39 和图 4.40 所示。

(3)单击主选项卡上的 View Filter Response 按钮，打开 FVTool 查看幅频响应，如图 4.41 所示。

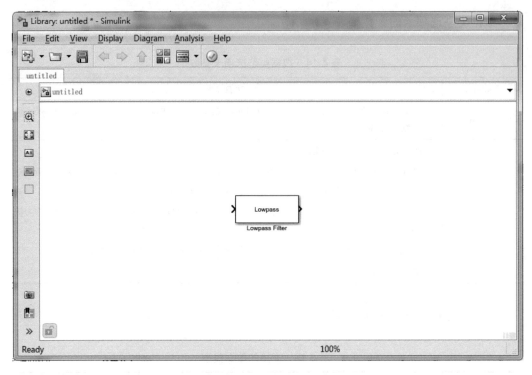

图 4.38　模块放置区域

图 4.39　主选项卡参数设置　　　　图 4.40　数据类型参数设置

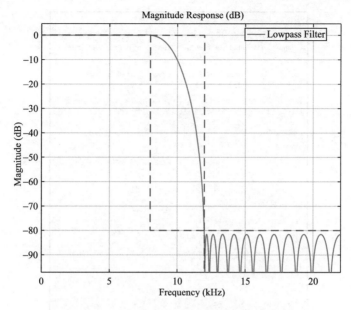

图 4.41　最小阶 FIR 低通滤波器幅频响应

从图 4.41 可以看出，通带边缘频率和阻带边缘频率与在主选项卡中所设参数基本一致，实现效果较好。

2. Variable Bandwidth IIR Filter 模块的用法

Variable Bandwidth IIR Filter 模块如图 4.42 所示。

图 4.42　Variable Bandwidth IIR Filter 模块

可变带宽 IIR 滤波器模块使用指定的 IIR 滤波器设计参数对输入信号的每个通道进行滤波。此模块提供可调的滤波器设计参数，能够在仿真运行时调整滤波器特性。

该模块根据对话框中设置的滤波器参数来设计 IIR 滤波器。输出端口属性（如数据类型和维度）与输入端口属性一致。

输入信号的每一列被视为一个单独的通道。如果输入为二维信号，则第一维表示通道长度（或帧大小），第二维表示通道数。如果输入是一维信号，则将其解释为单个通道。

此模块支持可变大小的输入，可以在仿真过程中更改通道长度。若要启用可变大小输入功能，需取消 Inherit sample rate from input 复选框。此外，通道数必须保持不变。

Variable Bandwidth IIR Filter 模块的参数设置对话框如图 4.43 所示。

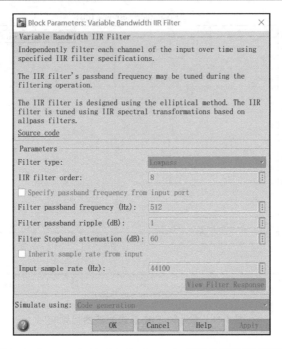

图 4.43　Variable Bandwidth IIR Filter 模块参数设置对话框

相关参数如表 4.16 所示。

表 4.16　Variable Bandwidth IIR Filter 模块参数

参数名称	功能说明
滤波器类型 （Filter type）	指定 IIR 滤波器的类型，可以将此参数设置为： ①Lowpass 默认 ②Highpass ③Bandpass ④Bandstop 此参数不可调
IIR 滤波器阶数 （IIR filter order）	IIR 滤波器阶数，指定为正整数标量，默认值为 8。 此参数不可调
指定输入端口的通带频率 （Specify passband frequency from input port）	选中此复选框后，将通过 Fp 端口输入滤波器通带频率。 将滤波器类型设置为 Lowpass 或 Highpass 时，此参数适用
滤波器通带频率(Hz) （Filter passband frequency）	IIR 滤波器的通带频率，指定为实正标量，其小于输入信号采样率的一半。此参数适用 于将滤波器类型设置为 Lowpass 或 Highpass，并取消 Specify passband frequency from input port 复选框的情况，默认值为 1000。 此参数可调
从输入端口指定中心频率 （Specify center frequency from input port）	选中此复选框后，IIR 滤波器的中心频率将通过 Fc 端口输入。清除此复选框时，中心频 率通过参数 Filter center frequency(Hz) 在对话框中指定。 当将滤波器类型设置为 Bandpass 或 Bandstop 时，此参数适用

续表

参数名称	功能说明
滤波器中心频率(Hz) (Filter center frequency)	IIR 滤波器的中心频率，指定为实正标量，其小于输入信号采样率的一半。此参数适用于将滤波器类型设置为 Bandpass 或 Bandstop，并取消 Specify bandwidth from input port 复选框的情况，默认值为 10000。 此参数可调
从输入端口指定带宽 (Specify bandwidth from input port)	选中此复选框后，IIR 滤波器的带宽将通过 BW 端口进行输入。 当将滤波器类型设置为 Bandpass 或 Bandstop 时，此参数适用
滤波器带宽(Hz) (Filter bandwidth)	IIR 滤波器的带宽，指定为实正标量，其小于输入信号采样率的一半。此参数适用于将滤波器类型设置为 Bandpass 或 Bandstop，并取消 Specify bandwidth from input port 复选框的情况，默认值为 2000。 此参数可调
滤波器通带波纹(dB) (Filter passband ripple)	IIR 滤波器的通带波纹，指定为实正标量，默认值为 1。 此参数不可调
滤波器阻带衰减(dB) (Filter Stopband attenuation)	IIR 滤波器的阻带衰减，指定为实正标量，默认值为 60。 此参数不可调
从输入中继承采样率 (Inherit sample rate from input)	选中此复选框后，模块的采样率为 N/T_s，其中 N 是输入信号的帧大小，T_s 是输入信号的采样时间。取消此复选框时，模块的采样率是参数 Input sample rate(Hz) 中指定的值。默认情况下，选中此复选框
输入采样率(Hz) (Input sample rate)	输入信号的采样率，指定为正标量。默认值为 44100。当取消 Inherit sample rate from input 复选框时，此参数适用。 此参数不可调
仿真使用 (Simulate using)	要运行的仿真类型。可以将此参数设置为： ①Interpreted execution(默认)：用 MATLAB 解释器仿真模型。此选项缩短了启动时间，但仿真速度比 Code generation 慢。 ②Code generation：使用生成的 C 代码仿真模型。第一次运行仿真时，Simulink 为模块生成 C 代码。只要模型不改变，C 代码就会被重复使用以进行后续仿真。此选项需要额外的启动时间，但比 Interpreted execution 的仿真速度快
查看滤波器响应 (View Filter Response)	打开滤波器可视化工具 FVTool，并显示低通滤波器的幅频/相位响应。响应基于模块对话框参数，对这些参数所做的更改将更新 FVTool。 要在 FVTool 运行时更新幅频响应，只需修改对话框参数，然后单击应用(Apply)

支持的数据类型如表 4.17 所示。

表 4.17 支持的数据类型

端口	支持的数据类型
输入	双精度浮点数
	单精度浮点数
输出	双精度浮点数
	单精度浮点数

【例 4.17】　设计一个可变带宽 IIR 滤波器,并使用 FVTool 显示滤波器的幅频响应。

(1)在 Simulink 库浏览器中找到 Variable Bandwidth IIR Filter 模块,然后将其拖到放置区域。

(2)双击 Variable Bandwidth IIR Filter 模块,打开参数设置对话框进行参数设置,如图 4.44 所示。

(3)单击参数设置对话框上的 View Filter Response 按钮,打开 FVTool 查看幅频响应,如图 4.45 所示。

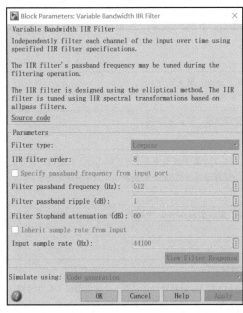

图 4.44　参数设置对话框

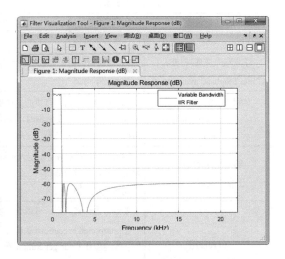

图 4.45　可变带宽 IIR 滤波器的幅频响应

从运行结果可以看出,幅频响应的通带频率和通带波纹与设置的对应参数值一致,实现效果较好。

4.5　自适应滤波器

自适应滤波指滤波器参数(系数)随着时间推移而改变,以适应信号变化的特性。

自适应滤波器具有自我学习的能力。当信号连续进入滤波器时,自适应滤波器系数随信号环境不同自我调整,让滤波器输出与期望响应之间的误差逐步变为最小,以达到预期的结果。图 4.46 中的自适应滤波器包括自适应滤波器和自适应递归最小二乘(RLS)算法。

定义一个通用 RLS 自适应滤波器的输入和输出方框图(图 4.46)。

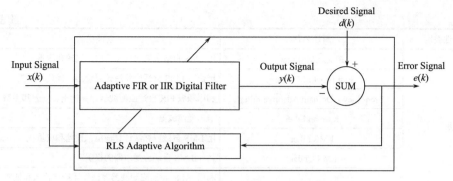

图 4.46　通用 RLS 自适应滤波器的输入和输出方框图

定义通用自适应滤波器算法输入和输出的方框图(图 4.47)。

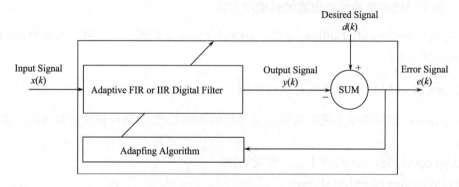

图 4.47　通用自适应滤波器算法输入和输出的方框图

自适应滤波器的设计不需要任何其他频率响应信息或设计参数。要定义滤波器的自学习过程，需选择用于减少输出信号 $y(k)$ 和期望信号 $d(k)$ 之间误差的自适应算法。

DSP 系统工具箱中的自适应滤波器函数实现图中的自适应滤波部分，并用适当的技术替换自适应算法。若要使用其中一个函数，需为滤波器提供输入信号以及初始值。

自适应滤波器系统对象和模块如表 4.18 所示。

表 4.18　自适应滤波器系统对象和模块

属性类别	属性名称	功能说明
系统对象	dsp.BlockLMSFilter	用模块 LMS 自适应算法计算输出、误差和权重
	dsp.LMSFilter	计算 LMS 自适应滤波器的输出、误差和权重
	dsp.RLSFilter	用递归最小二乘(RLS)算法计算输出、误差和系数
	dsp.AffineProjectionFilter	用仿射投影(AP)算法计算输出、误差和系数
	dsp.AdaptiveLatticeFilter	自适应 lattice 滤波器
	dsp.FastTransversalFilter	快速横向滤波器
	dsp.FilteredXLMSFilter	Filtered-X LMS 滤波器
	dsp.FrequencyDomainAdaptiveFilter	频域 FIR 自适应滤波器
	dsp.KalmanFilter	卡尔曼滤波器

续表

属性类别	属性名称	功能说明
模块	BlockLMSFilter	用 LMS 自适应算法计算输出、误差和权重
	Fast BlockLMSFilter	用快速 LMS 自适应算法计算输出、误差和权重
	Frequency—Domain Adaptive Filter	利用频域 FIR 自适应滤波器计算输出、误差和系数
	Kalman Filter	卡尔曼滤波器
	LMS Filter	用 LMS 自适应算法计算输出、误差和权重
	LMS Update	估计 LMS 自适应滤波器的权重
	RLS Filter	利用 RLS 自适应滤波器算法计算给定输入和期望信号的滤波器输出、误差和权重

4.5.1 基于系统对象的自适应滤波器使用方法

下面以 dsp.BlockLMSFilter 等几个系统对象的用法为例，介绍基于系统对象的自适应滤波器使用方法。

1. dsp.BlockLMSFilter 系统对象的用法

dsp.BlockLMSFilter 系统对象的功能是利用模块 LMS 自适应算法计算输出、误差和权重。

dsp.BlockLMSFilter 有以下三种使用方法。

（1）blms=dsp.BlockLMSFilter;

返回一个自适应 FIR 滤波器对象 blms，对输入信号进行滤波，并基于模块最小均方（LMS）算法计算滤波器权重。

（2）blms=dsp.BlockLMSFilter('PropertyName',PropertyValue,...)；

返回一个自适应 FIR 滤波器对象 blms，并将每个指定的属性设置为对应的值。

（3）blms=dsp.BlockLMSFilter(length,blocksize,'PropertyName',...,PropertyValue,...)；

返回一个自适应 FIR 滤波器对象 blms，其 Length 属性设置为 length，BlockSize 属性设置为 blocksize，其他指定属性设置为对应的值。

dsp.BlockLMSFilter 系统对象的属性如表 4.19 所示。

表 4.19 dsp.BlockLMSFilter 系统对象的属性

属性名称	功能说明
Length	FIR 滤波器权重向量的长度。指定 FIR 滤波器权重向量的长度为正整数标量，默认值为 32
BlockSize	用于权重自适应调整的样本数量。指定在对象更新滤波器权重之前要获取的输入信号的样本数。输入帧长度必须是模块大小的整数倍，默认值为 32
StepSizeSource	自适应步长来源。选择将自适应步长因子指定为 Property 或 Input port，默认值为 Property
StepSize	自适应步长。将自适应步长因子指定为标量非负数值。默认值为 0.1。只有将 StepSizeSource 属性设置为 Property，此属性才适用，此属性可调

续表

属性名称	功能说明
LeakageFactor	用于漏溢式最小均方算法的渗漏系数。将漏溢式最小均方算法的渗漏系数指定为介于 0 和 1 之间的标量数值。当值小于 1 时，系统对象实现一个漏溢式最小均方算法。默认值为 1，在自适应算法中没有渗漏，此属性可调
InitialWeights	滤波器权重的初始值。指定滤波器权重的初始值为标量或长度等于 Length 属性值的向量，默认值为 0
AdaptInputPort	附加输入以启用滤波器权重的自适应调整。指定对象应何时调整滤波器权重。默认情况下，此属性的值为 false，并且滤波器将不断更新权重。当此属性设置为 true 时，将向 step 方法提供一个自适应控制输入。如果此输入的值为非零，则滤波器将不断更新滤波器权重。如果输入为零，则滤波器权重保持当前值
WeightsResetInputPort	附加输入以启用权重重置。指定 FIR 滤波器是否可以重置滤波器权重。默认情况下，此属性值为 false，并且对象不重置权重。当此属性设置为 true 时，将向 step 方法提供重置控制输入、WeightsResetCondition 属性应用。该对象基于 WeightsResetCondition 属性的值和对 step 方法的重置输入重置滤波器权重
WeightsResetCondition	触发滤波器权重重置的条件。指定重置滤波器权重的事件为 Rising edge、Falling edge、Either edge 或 Non-zero。该对象基于此属性的值和对 step 方法的重置输入重置滤波器权重。只有将 WeightsResetInputPort 属性设置为 true 时，此属性才适用，默认值为 Non-zero
WeightsOutputPort	输出滤波器权重。将此属性设置为 true 可输出自适应滤波器权重，默认值为 true

【例 4.18】　使用模块 LMS 自适应算法去除噪声。

```
blms=dsp.BlockLMSFilter(10, 5);        %创建自适应FIR滤波器
blms.StepSize=0.01;                    %指定自适应步长
blms.WeightsOutputPort=false;          %输出滤波器权重
filt=dsp.FIRFilter;                    %定义FIR滤波器
filt.Numerator=fir1(10, [.5,.75]);     %设置FIR滤波器参数
x=randn(1000, 1);                      %噪声
d=filt(x)+ sin(0:.05:49.95)'          %噪声加信号
[y, err]=blms(x, d);
subplot(2,1,1);
plot(d);
title('Noise + Signal');
subplot(2,1,2);
plot(err);
title('Filtered Signal');
```

运行输出如图 4.48 所示。

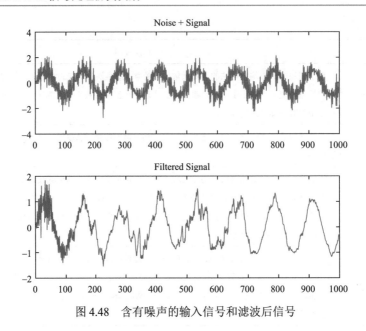

图 4.48　含有噪声的输入信号和滤波后信号

从图 4.48 可以看出，滤波后信号基本消除了噪声，具有较好的滤波效果。

2. dsp.KalmanFilter 系统对象的用法

dsp.KalmanFilter 系统对象的功能是用卡尔曼滤波器估计系统测量和状态。
dsp.KalmanFilter 有以下三种使用方法。

（1）kalman=dsp.KalmanFilter;

返回卡尔曼滤波器系统对象 kalman，参数均为默认值。

（2）kalman=dsp.KalmanFilter('PropertyName',PropertyValue, ...) ;

返回一个卡尔曼滤波器系统对象 kalman，每个属性设置为指定值。

（3）kalman=dsp.KalmanFilter(STMatrix,MMatrix,PNCovariance,MNCovariance,
CIMatrix,'PropertyName',PropertyValue,...) ;

返回卡尔曼滤波器系统对象 kalman。StateTransitionMatrix 属性设置为 STMatrix，
MeasurementMatrix 属性设置为 MMatrix。此外，ProcessNoiseCovariance 属性设置为
PNCovariance,MeasurementNoiseCovariance 属性设置为 MNCovariance,ControlInputMatrix
属性设置为 CIMatrix。其他指定的属性设置为标准值。

dsp.KalmanFilter 系统对象的属性如表 4.20 所示。

表 4.20　dsp.KalmanFilter 系统对象的属性

属性名称	功能说明
StateTransitionMatrix	状态转换模型。在状态方程中指定 *A*，该状态方程将前一步的状态与当前步的状态联系起来。*A* 是一个方阵，每个维数都等于状态数，默认值是 1
ControlInputMatrix	控制输入与状态之间关系的模型。在状态方程中指定 *B*，该状态方程将控制输入与状态联系起来。*B* 是一个矩阵，它的行数等于状态数。只有当 ControlInputPort 属性值为 true 时才会激活该属性，默认值是 1

续表

属性名称	功能说明
MeasurementMatrix	状态与测量输出之间关系的模型。在将状态与测量值联系起来的测量方程中指定 H。H 是一个矩阵，列数等于测量数，默认值是 1
ProcessNoiseCovariance	过程噪声协方差。指定 Q 为一个方阵，每个维数等于状态数。矩阵 Q 是状态方程中高斯白噪声 w 的协方差，默认值是 0.1
MeasurementNoiseCovariance	测量噪声协方差。指定 R 为一个方阵，每个维数都等于状态数。矩阵 R 是测量方程中高斯过程白噪声 v 的协方差，默认值是 0.1
InitialStateEstimate	状态初始值。将模型状态的初始估计指定为长度等于状态数的列向量，默认值为 0
InitialErrorCovarianceEstimate	状态误差协方差的初始值。指定状态误差协方差的初始估计为一个每个维数等于状态数的方阵，默认值是 0.1
DisableCorrection	禁用滤波器校正。指定一个标量逻辑值，在卡尔曼滤波算法中的预测步骤之后，禁止系统对象滤波器执行校正步骤，默认值为 false
ControlInputPort	是否存在控制输入。使用标量逻辑值指定是否存在控制输入，默认值为 true

【例 4.19】 使用 dsp.KalmanFilter 系统对象滤波一个变化的标量。

源信号是一个变化的标量，在添加了噪声之后，用卡尔曼滤波器进行滤波，最后用示波器输出源信号、加了噪声后的信号以及滤波后的信号。

```
%构造源信号
numSamples=4000;
R=0.02;
src=dsp.SignalSource;
src.Signal=[ones(numSamples/4,1);  -3*ones(numSamples/4,1);...
          4*ones(numSamples/4,1); -0.5*ones(numSamples/4,1)];
%创建示波器
tScope=dsp.TimeScope('NumInputPorts', 3, 'TimeSpan', numSamples, ...
                  'TimeUnits', 'Seconds', 'YLimits',[-5 5], ...
                  'ShowLegend', true);
%创建卡尔曼滤波器
kalman=dsp.KalmanFilter('ProcessNoiseCovariance' 0.0001,...
                  'MeasurementNoiseCovariance', R,...
                  'InitialStateEstimate', 5,...
                  'InitialErrorCovarianceEstimate', 1,...
                  'ControlInputPort',false);
%添加噪声，并将含噪声信号传递给卡尔曼滤波器，并绘制滤波后的信号
while(~isDone(src))
   trueVal=src();
   noisyVal=trueVal + sqrt(R)*randn;
   estVal=kalman(noisyVal);
   tScope(noisyVal,trueVal,estVal);
end
```

运行输出如图 4.49 所示。

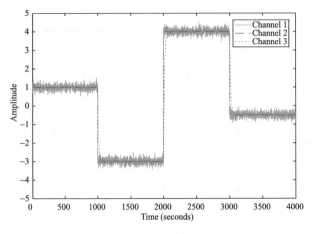

图 4.49   三通道信号图

图 4.49 中 Channel1 为加了噪声的信号，Channel2 为没有加噪声的信号，Channel3 是滤波后的信号，从图中可以看出，滤波后的信号基本滤除了噪声，并与未加噪声的信号基本保持一致，滤波效果较好。

4.5.2   基于模块的自适应滤波器使用方法

下面以 RLS Filter 模块的用法为例，介绍基于模块的自适应滤波器使用方法。

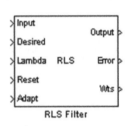

图 4.50   RLS Filter 模块

RLS Filter 模块如图 4.50 所示。

RLS Filter 模块利用 RLS 自适应滤波器算法计算给定输入和期望信号的滤波器输出、误差和权重。

RLS Filter 模块递归计算 FIR 滤波器权重的最小二乘估计（RLS）。该模块估计将输入信号转换为期望信号所需的滤波权重或系数。将要滤波的信号连接到输入端口，输入信号可以是标量或列向量。将要建模的信号连接到所需的端口。期望信号必须具有与输入信号相同的数据类型、复杂度和维度。输出端口输出滤波后的输入信号。误差端口输出从期望信号中减去输出信号的结果。

RLS Filter 模块参数设置对话框如图 4.51 所示。

RLS Filter 模块参数如表 4.21 所示。

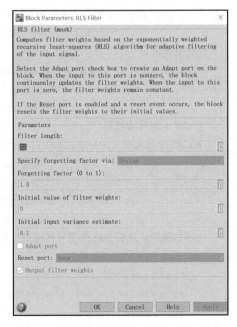

图 4.51   RLS Filter 模块参数设置对话框

表 4.21　RLS Filter 模块参数

参数名称	功能说明
Filter length	输入 FIR 滤波器权重向量的长度
Specify forgetting factor via	指定遗忘因子设置方式
(Forgetting factor) $(0\sim1)$	设置滤波器对过往数据的遗忘速度, 在范围 $0<\lambda<1$ 内设置。若设置为 1, 则表示滤波器对过往数据不遗忘
Initial value of filter weights	指定 FIR 滤波器权重的初始值
Initial input variance estimate	初始值为 $1/P(n)$
Adapt port	选中此复选框可启用自适应输入端口
Reset input	选中此复选框可启用重置输入端口
Output filter weights	选中此复选框可以从 Wts 端口导出滤波器权重

【例 4.20】　本示例演示如何使用递归最小二乘(RLS)算法从输入信号中消除噪声。

在命令窗口输入以下语句来打开模型:

rlsdemo

模型如图 4.52 所示, 左边有正弦信号产生模块提供输入信号, 即 RLS 模块的参考信号。还有噪声模块, 提供噪声输入, 后面加上输入信号形成 RLS 模块的输入, 中间是 RLS 模块, 进行滤波。右边是视域显示、滤波器系数显示和频谱显示模块。

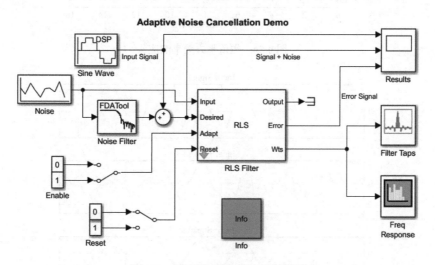

图 4.52　自适应噪声消除示例模型

运行该模型, 然后分别打开模型右边的三个观察组件, 图 4.53 是滤波器权重结果图, 图 4.54 是幅值平方频率响应图, 图 4.55 是示波器显示的三种信号。

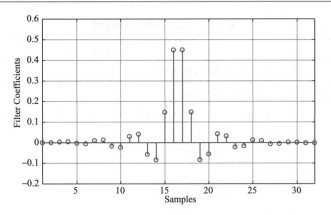

图 4.53　滤波器权重

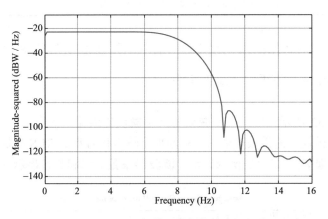

图 4.54　幅值平方频率响应

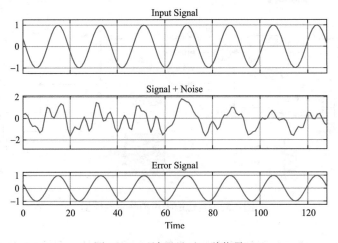

图 4.55　示波器显示三种信号

　　RLS 自适应滤波器使用输入端口上的参考信号和期望端口上的期望信号，自动匹配噪声滤波器模块中的滤波器响应。当它收敛为正确的滤波器时，噪声应完全从"信号+噪声"信号中减去，输出信号只包含原始信号。从运行结果来看，与理论基本一致。

第5章　信号变换与频谱分析

5.1　DCT、FFT 及其反变换

DSP System Toolbox 提供工具来实现 DCT、IDCT、FFT、IFFT 变换。下面分别对实现各信号变换的系统对象及 Simulink 模块进行介绍。

5.1.1　基于系统对象的 DCT、FFT 及其反变换

MATLAB 中用于 DCT、FFT 及其反变换的系统对象如表 5.1 所示。

表 5.1　变换系统对象

系统对象名称	功能说明	系统对象名称	功能说明
dsp.DCT	离散余弦变换（DCT）	dsp.IFFT	逆离散傅里叶变换（IDFFT）
dsp.IDCT	逆离散余弦变换（IDCT）	dsp.ZoomFFT	部分频谱的高分辨率 FFT
dsp.FFT	离散傅里叶变换		

（1）dsp.DCT 系统对象的功能及使用方法。

dsp.DCT 系统对象用于实现离散余弦变换（DCT）。

dsp.DCT 系统对象有两种使用方法：

①dct=dsp.DCT;

返回离散余弦变换（DCT）对象 dct，用于计算实数或复数输入信号的 DCT。

②dct=dsp.DCT('PropertyName',PropertyValue, ...);

返回一个 DCT 对象 dct，每个属性都设置为指定值。

dsp.DCT 系统对象在使用过程中需要设定的属性及其功能如表 5.2 所示。

表 5.2　dsp.DCT 系统对象参数功能说明

参数名称	功能说明
SineComputation	计算正弦和余弦的方法。指定 DCT 对象如何将三角函数值计算为 Trigonometric function 或 Table lookup。对于定点输入，必须将此属性设置为 Table lookup，　默认为 Table lookup

【例 5.1】　分析序列中的能量含量，使用 DCT 分析给定序列中的能量含量。

```
x=(1:128).' + 50*cos((1:128).'*2*pi/40);        %构造函数
dct=dsp.DCT;                                      %创建DCT系统对象
X=dct(x);
[XX, ind]=sort(abs(X),1,'descend');
ii=1;
```

```
%将小于总能量0.1%的 DCT 系数设置为0
while (norm([XX(1:ii);zeros(128-ii,1)]) <=0.999*norm(XX))
    ii=ii+1;
end
disp(['Number of DCT coefficients that represent 99.9%',...
    'of the total energy in the sequence: ',num2str(ii)]);
XXt=zeros(128,1);
XXt(ind(1:ii))=X(ind(1:ii));
idct=dsp.IDCT;                              %使用 IDCT 重建序列
xt=idct(XXt);
plot(1:128,[x xt]);
legend('Original signal','Reconstructed signal',...
    'location','best');
```

输出结果如下：

```
Number of DCT coefficients that represent 99.9%of the total energy in the
sequence: 10
```

重构信号示意如图 5.1 所示。

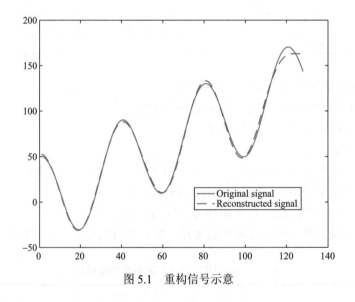

图 5.1　重构信号示意

在上述示例中，不仅使用了 DCT 系统对象，同时也使用了 IDCT 系统对象，这两个系统对象的使用方法是类似的。示例中通过 DCT 离散余弦变换的方法分析了能量，并且从图 5.1 可以看出，通过 IDCT 重构的信号和原始信号几乎是相同的。

（2）以 dsp.FFT 系统对象为例介绍 DFT 变换系统对象的使用方法。

dsp.FFT 系统对象用于计算输入的离散傅里叶变换（DFT）。

dsp.FFT 系统对象有以下两种使用方法。

①H=dsp.FFT;

返回一个 FFT 对象 H，该对象计算 N-D 数组的 DFT。对于列向量或多维数组，FFT

对象沿第一维计算 DFT。如果输入是行向量，则 FFT 对象计算一行单样本 DFT 并发出警告。

②H=dsp.FFT('PropertyName',PropertyValue, ...);

返回 FFT 对象 H，每个属性设置为指定值。

dsp.FFT 系统对象的主要参数及功能如表 5.3 所示。

表 5.3　dsp.FFT 系统对象参数功能说明

参数名称	功能说明
FFTImplementation	FFT 实现方式。将用于 FFT 的实现方式指定为 Auto｜Radix-2｜FFTW 中的一个。将此属性设置为 Radix-2 时，FFT 长度必须为 2 的幂
BitReversedOutput	输出元素相对于输入元素的顺序。根据输入元素的顺序指定相关输出通道元素的顺序。将此属性设置为 true 可以按位反转顺序输出频率索引，默认值为 false，对应于频率索引的线性排列
Normalize	将蝶形输出除以 2。如果 FFT 的输出应除以 FFT 长度，则将此属性设为 true。当期望将 FFT 的输出保持在与其输入相同的振幅范围内时，此选项很有用。在使用定点数据类型时，这非常有用，此属性的默认值为 false，且无缩放
FFTLengthSource	FFT 长度的来源。如何指定 FFT 长度，可选择 Auto 或 Property。将此属性设置为 Auto 时，FFT 长度等于输入信号的行数，默认值为 Auto
FFTLength	FFT 长度。指定 FFT 长度。将 FFTLengthSource 属性设置为 Property 时，此属性适用，默认值为 64。当输入是定点数据类型时，或将 BitReversedOutput 属性设置为 true 时，或将 FFTImplementation 属性设置为 Radix-2 时，此属性必须是 2 的幂
WrapInput	包裹或截断输入的布尔值。当 FFT 长度小于输入长度时包裹输入数据。如果此属性设置为 true，假设 FFT 长度短于输入长度，则在 FFT 操作之前进行模数长度数据包裹。如果此属性设置为 false，则在 FFT 操作之前将输入数据截断为 FFT 长度，默认值为 true

【例 5.2】　找出加性噪声中信号的频率分量，绘制信号的单边幅度谱。

```
Fs=800; L=1000;
t=(0:L-1)/Fs;
x=sin(2*pi*250*t)+ 0.75*cos(2*pi*340*t);          %构造函数
y=x+.5*randn(size(x));                            %噪声信号
ft=dsp.FFT('FFTLengthSource', 'Property', ...     %创建FFT系统对象
    'FFTLength', 1024);              %设置FFT系统对象FFTLength参数的值为1024
Y=ft(y);
plot(Fs/2*linspace(0,1,512), 2*abs(Y(1:512)/1024));   %绘制单边振幅谱
title('Single-sided amplitude spectrum of noisy signal y(t)');
xlabel('Frequency(Hz)'); ylabel('|Y(f)|');
```

在上述示例中，加入的噪声信号是用 randn() 函数产生的正态分布噪声，根据原理并观察图 5.2 的结果，可看出噪声信号的单边幅度谱是正确的。

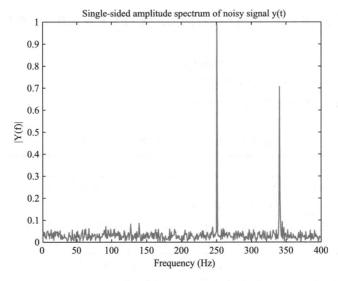

图 5.2　噪声信号 y(t) 的单边幅度谱

5.1.2　基于 Simulink 模块的 DCT、FFT 及其反变换

Simulink 中提供的信号转换模块包含的功能很全面，各信号转换模块的功能说明如表 5.4 所示。

表 5.4　信号转换模块

模块类别	模块名称	功能说明
傅里叶变换	Complex Cepstrum	计算输入的复倒频谱
	FFT	输入的快速傅里叶变换(FFT)
	IFFT	输入的快速傅里叶逆变换(IFFT)
	Inverse Short-Time FFT	通过执行反向短时、快速傅里叶变换(FFT)恢复时域信号
	Magnitude FFT	用周期图法计算频谱的非参数估计
	Real Cepstrum	计算输入的实倒频谱
	Short-Time FFT	用短时快速傅里叶变换(FFT)方法测量频谱的非参数估计
	Zoom FFT	光谱部分的高分辨率 FFT
余弦和小波变换	DCT	输入的离散余弦变换(DCT)
	DWT	子带输入或分解信号的离散小波变换(DWT)，带宽较小，采样速率较慢
	IDCT	输入的逆离散余弦变换(IDCT)
	IDWT	IDWT 输入或重建信号的逆离散小波变换(子带)，带宽较小，采样速率较慢

以 FFT 模块为例，说明用于计算输入快速傅里叶变换(FFT)系统对象的使用方法。

FFT 模块用于计算 N-D 输入矩阵 u 的第一维的快速傅里叶变换(FFT)。对于用户指定的 FFT 长度 M，若不等于输入数据长度 P，对其进行补零或截断。零填充、截断如下所示。

（1）P ≤M 时，进行补零：

y=fft(u,M)   %P ≤ M

（2）P＞M 时，进行截断：

y(:,l)=fft(u,M)   %P ＞ M；l=1,...,N

图 5.3　FFT 模块

FFT 模块的形状如图 5.3 所示。

FFT 模块的参数设置对话框 Main 选项卡如图 5.4 所示。

图 5.4　FFT 模块的参数设置对话框 Main 选项卡

FFT 模块的参数设置对话框 Data Types 选项卡如图 5.5 所示。

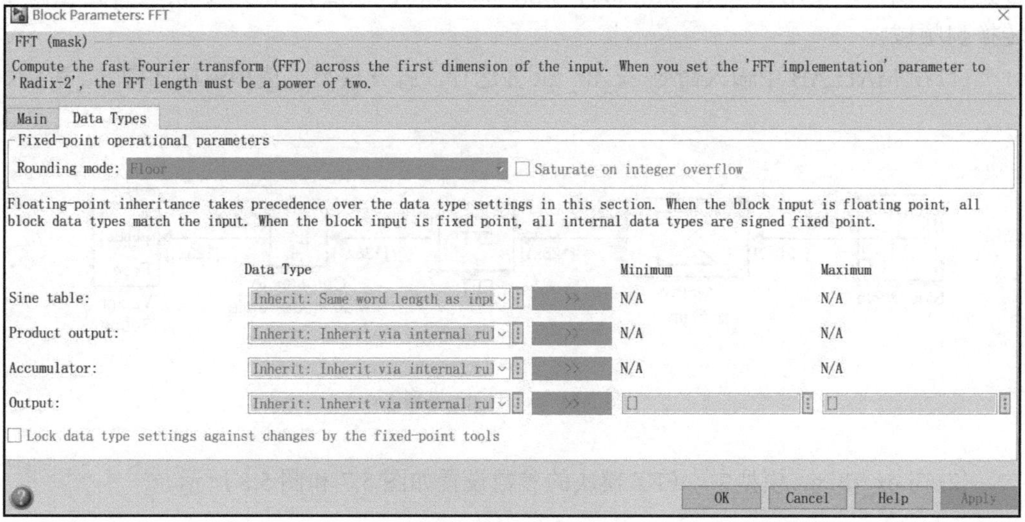

图 5.5　FFT 模块的参数设置对话框 Data Types 选项卡

在图 5.5 中，各个参数的具体含义如表 5.5 所示。

表 5.5　FFT 模块参数说明

选项卡	参数名称	功能说明
Main 选项卡	FFT implementation	将此参数设置为 FFTW 以支持任意长度的输入信号；将此参数设置为 Radix-2，以进行位反转处理、定点或浮点数据或使用 Simulink 编码器生成便携式 C 代码；将此参数设置为 Auto 可让模块自动选择 FFT 实现方式
Data Types 选项卡	Rounding mode	选择定点操作的舍入模式
	Sine table	选择如何指定正弦表值的字长。正弦表值的分数长度始终等于字长减去 1。可以将此参数设置为继承数据类型的规则，例如，Inherit: Same word length as input；一个计算结果为有效数据类型的表达式，如 fixdt(1,16)
	Product output	指定产品输出数据类型。可以将此参数设置为：继承数据类型的规则，例如，Inherit: Inherit via internal rule；一个计算结果为有效数据类型的表达式，如 fixdt(1,16,0)
	Accumulator	指定累加器数据类型。可以将此参数设置为：继承数据类型的规则，例如，Inherit: Inherit via internal rule；一个计算结果为有效数据类型的表达式，如 fixdt(1,16,0)
	Output	指定输出数据的类型。可以将此参数设置为：继承数据类型的规则，例如，Inherit: Inherit via internal rule；一个计算结果为有效数据类型的表达式，如 fixdt(1,16,0)
	Output Minimum	指定块应输出的最小值，默认值为[ ]（未指定）
	Output Maximum	指定块应输出的最大值，默认值为[ ]（未指定）

【例 5.3】　使用 FFT 模块，将时域数据转换为频域数据。在此示例中，使用 Sine Wave 模块生成两个频率分别为 15Hz 和 40Hz 的正弦信号，使用逐点求和方法生成复合正弦曲线，即使用公式 $u=\sin(30\pi t)+\sin(80\pi t)$ 求和，然后使用 FFT 模块将正弦波 u 转换到频域。

(1)在 MATLAB 中输入命令 ex_fft_tut 并运行，打开模型，模型结构如图 5.6 所示。

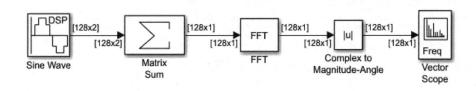

图 5.6　ex_fft_tut 模型

(2)在 ex_fft_tut 模型中，FFT 模块的参数设置如图 5.7 和图 5.8 所示。

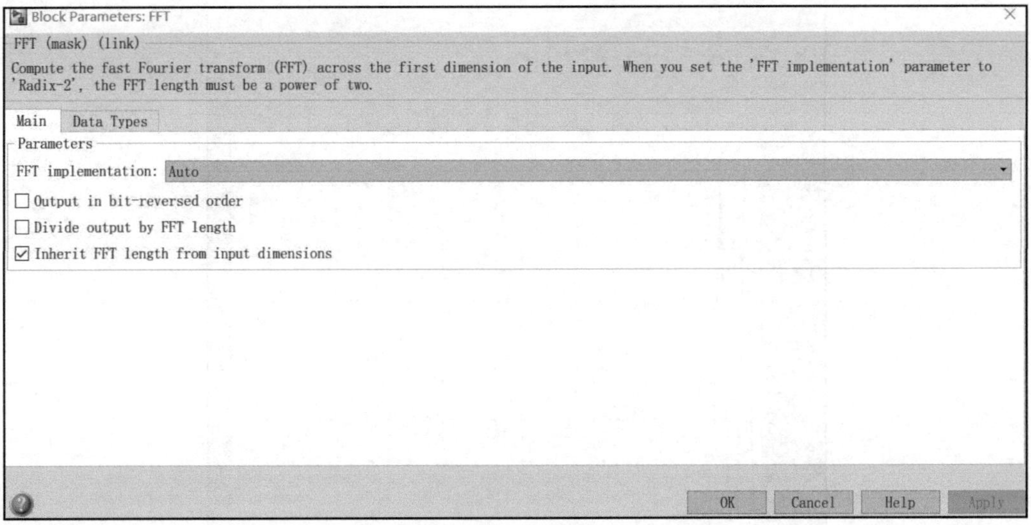

图 5.7　FFT 模块 Main 选项卡参数设置

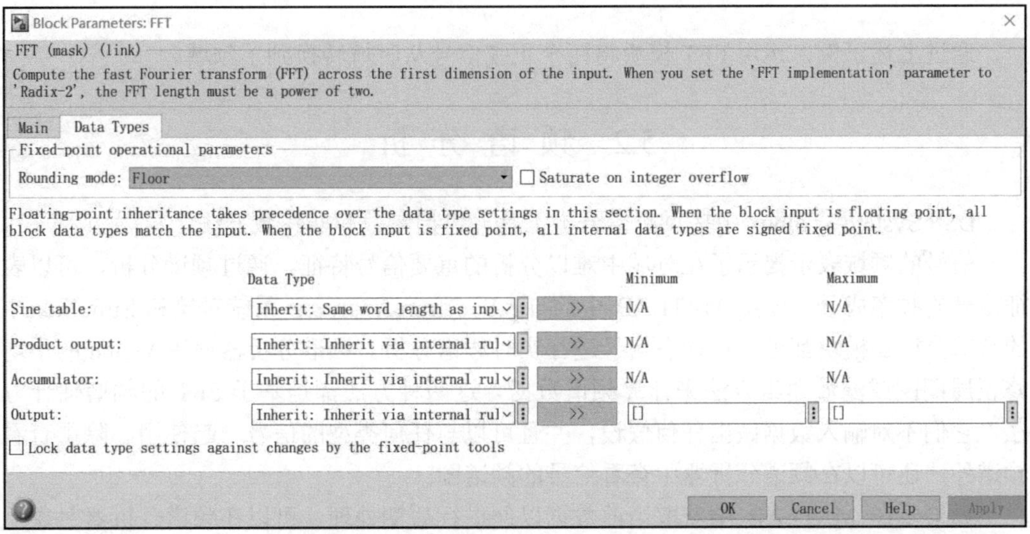

图 5.8　FFT 模块 Data Types 选项卡参数设置

（3）按照图 5.7 和图 5.8 完成参数设置后，设置 Sine Wave 模块的参数如下：Amplitude=1；Frequency=[15 40]；Phase offset=0；Sample time=0.001；Samples per frame=128。运行该模型，输出结果如图 5.9 所示。

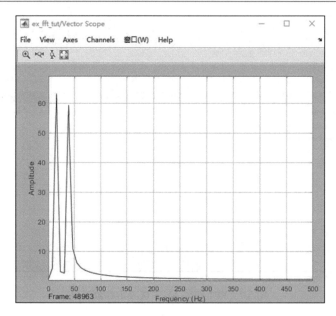

图 5.9　ex_fft_tut 模型输出频谱

通过上述示例，运用 FFT 模块将两个正弦信号从时域转换到了频域。

5.2　频 谱 分 析

DSP System Toolbox 中提供频谱分析工具，包括参数和非参数方法。

信号的频域表示揭示了在时域中难以分析的重要信号特征。通过频谱分析，可以表征信号的频率成分。使用 MATLAB 中的 dsp.SpectrumAnalyzer 系统对象和 Simulink 中的频谱分析器模块都可以对动态信号进行实时频谱分析。频谱分析器使用 Welch 的平均修正周期图或滤波器组方法来计算频谱数据，这两种方法都是基于 FFT 的频谱估计方法，它们不对输入数据做出任何假设，并且可以与任何类型的信号一起使用。除了查看频谱外，还可以在频谱分析器中查看信号的频谱图。

如果要在 MATLAB 中获取当前数据以便进行后期处理，可以在频谱分析器对象上调用 isNewDataReady 和 getSpectrumData 对象函数。通过在循环中调用这些函数，可以获取整个频谱数据。在 Simulink 中，要获取频谱数据，可以通过创建 Spectrum Analyzer Configuration 对象并在此对象上运行 getSpectrumData( )函数来实现。但注意，在 Simulink 中获取数据，只能获取频谱分析器上显示的频谱数据的最后一帧。另外，也可以使用 dsp.SpectrumEstimator System 对象和 Spectrum Estimator 模块来计算功率谱并获取频谱数据以供进一步的处理。

下面分别对 DSP System Toolbox 中的频谱分析系统对象及 Simulink 模块作详细的介绍。

5.2.1　基于系统对象的频谱分析

频谱估计的系统对象可以分为参数估计系统对象和非参数估计系统对象，各系统对象及功能描述如表 5.6 所示。

表 5.6　频谱估计系统对象

系统对象类别	系统对象名称	功能说明
非参数估计	dsp.SpectrumAnalyzer	显示时域信号的频谱
	dsp.SpectrumEstimator	估计功率谱或功率密度谱
	dsp.CrossSpectrumEstimator	估计交叉谱密度
	dsp.TransferFunctionEstimator	估计传递函数
参数估计	dsp.BurgAREstimator	基于 Burg 方法估计自回归(AR)模型参数
	dsp.BurgSpectrumEstimator	基于 Burg 方法的参数谱估计

（1）以 dsp.SpectrumEstimator 系统对象为例介绍功率谱非参数估计的方法。

dsp.SpectrumEstimator 系统对象使用 Welch 算法和滤波器组(filter bank)的方法计算信号的功率谱或功率密度谱。

dsp.SpectrumEstimator 系统对象有以下两种使用方法。

①SE=dsp.SpectrumEstimator;

返回一个系统对象 SE，它计算实值或复值信号的频率功率谱或功率密度谱。该系统对象使用 Welch 的平均修正周期图方法和基于滤波器组的谱估计方法。

②SE=dsp.SpectrumEstimator('PropertyName',PropertyValue,...);

返回 Spectrum Estimator System 对象 SE，每个指定的属性名称设置为指定值。可以按任何顺序指定其他 Name-Value 参数（Name1,Value1,...,NameN,ValueN）。

在使用 dsp.SpectrumEstimator 系统对象时可以设置的参数及功能如表 5.7 所示。

表 5.7　dsp.SpectrumEstimator 系统对象参数功能说明

参数名称	功能说明
SampleRate	输入采样率。将输入的采样率(赫兹)指定为有限数字标量，默认值为 1 Hz。采样率是信号在时域采样的速率
SpectrumType	频谱类型。将频谱类型指定为 Power 或 Power density 之一。当频谱类型为 Power 时，功率密度频谱通过窗口的等效噪声带宽(以 Hz 为单位)进行缩放，默认值为 Power
SpectralAverages	频谱平均数。将谱平均数指定为正整数标量。频谱估计器通过平均最后 N 个估计来计算当前功率谱或功率密度谱估计。N 是 SpectralAverages 属性中定义的频谱平均数，默认值为 8
FFTLengthSource	设定 FFT 长度值。将 FFT 长度值指定为 Auto 或 Property 之一，默认值为 Auto。如果将此属性设置为 Auto，则 Spectrum Estimator 会将 FFT 长度设置为输入帧大小。如果将此属性设置为 Property，则使用 FFTLength 属性指定 FFT 点的数量
FFTLength	FFT 长度。指定 Spectrum Estimator 用于将频谱估计值计算为正整数标量的 FFT 的长度。将 FFTLengthSource 属性设置为 Property 时，此属性适用，默认值为 128

续表

参数名称	功能说明
Method	Welch 或 filter bank。将谱估计方法指定为 Welch 或 Filter bank 之一。指定为 Welch，该对象使用 Welch 的平均修正周期图方法；指定为 filter bank，分析滤波器组将宽带输入信号分成多个窄子带，滤波器组计算每个窄子带中的功率，计算的值是相应频带上的频谱估计，默认值为 Welch
NumTapsPerBand	每个频段的滤波器抽头数。指定每个频段的滤波器系数或抽头数。该值对应于每个多相分支的滤波器系数的数量。滤波器系数的总数由 NumTapsPerBand×FFTLength 给出。 将 Method 设置为 filter bank 时，此属性适用，默认值为 12
Window	窗口功能。将频谱估计器的窗口函数指定为 Rectangular、Chebyshev、Flat Top、Hamming、Hann、Kaiser 中的一个，默认值为 Hann
SidelobeAttenuation	窗口的旁瓣衰减。将窗口的旁瓣衰减指定为实数，正标量，单位为分贝（dB）。将 Window 属性设置为 Chebyshev 或 Kaiser 时，此属性适用，默认值为 60 dB
FrequencyRange	频谱估计的频率范围。将频谱估计器的频率范围指定为 twosided、onesided、centered 之一。 如果将 FrequencyRange 设置为 onesided，则 Spectrum Estimator 会计算实际输入信号的单侧频谱。当 FFT 长度 NFFT 为偶数时，频谱估计长度为（NFFT / 2）+ 1 并且在频率范围[0,SampleRate / 2]上进行频谱估计，其中 SampleRate 是输入信号的采样率。当 NFFT 为奇数时，频谱估计长度为（NFFT + 1）/ 2 并且在频率范围[0,SampleRate / 2]上进行频谱估计。 如果将 FrequencyRange 设置为 twosided，则 Spectrum Estimator 会计算复数或实数输入信号的双边频谱。频谱估计的长度等于 FFT 的长度。在频率范围[0,SampleRate]上计算频谱，其中 SampleRate 是输入信号的采样率。 如果将 FrequencyRange 设置为 centered，则 Spectrum Estimator 会计算复数或实数输入信号的中心双边频谱。频谱估计的长度等于 FFT 的长度。当 FFT 的长度为偶数时，在频率范围（−SampleRate / 2，SampleRate / 2）上计算频谱估计；当 FFT 的长度为奇数时，计算频谱估计（−SampleRate / 2，SampleRate / 2）。 默认值为 twosided
PowerUnits	功率单位。将用于测量功率的单位指定为 Watts、dBW、dBm 中的一个，默认值为 Watts
ReferenceLoad	参考负载。指定频谱估计器用作计算功率值的参考负载，指定以欧姆为单位的实数正标量，默认值为 1Ω
OutputMaxHoldSpectrum	输出最大保持频谱。将此属性设置为 true，以便 Spectrum Estimator 计算并输出每个输入通道的最大保持频谱，默认值为 false
OutputMinHoldSpectrum	输出最小频谱，将此属性设置为 true，以便 Spectrum Estimator 计算并输出每个输入通道的最小保持频谱，默认值为 false

【例 5.4】　使用基于 Hanning 窗口的 Welch 方法和 filter bank 方法比较嵌在高斯白噪声中的正弦曲线的频谱估计。初始化两个 dsp.SpectrumEstimator 对象。 指定一个估算器使用基于 Welch 和 Hanning 窗口进行频谱估计；指定另一个估算器使用 filter bank 来执行频谱估计。在 0.16、0.2、0.205 和 0.25 这 4 个频率上指定具有 4 个加噪的正弦波输入信号。使用数组绘制查看频谱估计值。

```
FrameSize=420;
Fs=1;
sinegen=dsp.SineWave('SampleRate',Fs,...      %创建正弦波信号
    'SamplesPerFrame',FrameSize,...
    'Frequency',[0.16 0.2 0.205 0.25],...
```

```
    'Amplitude',[2e-5 1 0.05 0.5]);
NoiseVar=1e-10;
numAvgs=8;

%指定基于Welch和Hanning窗口进行频谱估计
hannEstimator=dsp.SpectrumEstimator('PowerUnits','dBm',...
    'Window','Hann','FrequencyRange','onesided',...
    'SpectralAverages',numAvgs,'SampleRate',Fs);

%指定基于filter bank进行频谱估计
filterBankEstimator=dsp.SpectrumEstimator('PowerUnits','dBm',...
    'Method','Filter bank','FrequencyRange','onesided',...
    'SpectralAverages',numAvgs,'SampleRate',Fs);

spectrumPlotter=dsp.ArrayPlot(...      %使用dsp.ArrayPlot系统对象绘制谱估计值
    'PlotType','Line','SampleIncrement',Fs/FrameSize,...
    'YLimits',[-250,50],'YLabel','dBm',...
'ShowLegend',true,'ChannelNames',{'Hann window','Filter bank'});

for i=1:1000              %比较使用Hanning窗口和filter bank计算的频谱估计值
    x=sum(sinegen(),2) + sqrt(NoiseVar)*randn(FrameSize,1);
    Pse_hann=hannEstimator(x);
    Pfb=filterBankEstimator(x);
    spectrumPlotter([Pse_hann,Pfb]);
end
```

比较使用 Hanning 窗口和 filter bank 的频谱估计如图 5.10 所示。

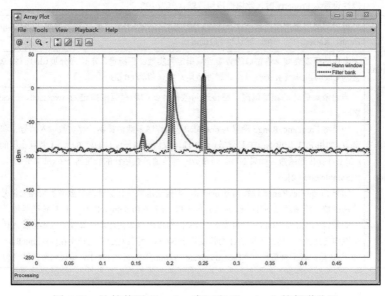

图 5.10　比较使用 Hanning 窗口和 filter bank 的频谱估计

观察图 5.10 的实验结果并分析，Hanning 窗口方法遗漏了 0.205 周期处的峰值。此外，Hanning 窗口具有显著的频谱泄漏，使得在 0.16 频率处的峰值难以区分，且噪声基底不正确。相对比发现，filter bank 估计具有非常好的分辨率，且没有频谱泄漏。

（2）以 dsp.TransferFunctionEstimator 系统对象为例，介绍非参数估计系统对象的使用方法。

dsp.TransferFunctionEstimator 系统对象使用 Welch 算法和 Periodogram 方法计算系统的传递函数。

dsp.TransferFunctionEstimator 系统对象有以下两种使用方法。

①tfe=dsp.TransferFunctionEstimator;

返回一个系统对象 tfe，计算实数或复数信号的传递函数。该系统对象使用周期图方法和 Welch 的平均修正周期图方法。

②tfe=dsp.TransferFunctionEstimator('PropertyName', PropertyValue,...);

返回 TransferFunctionEstimator 系统对象 tfe，其中每个指定的属性都设置为指定的值。可以按任何顺序指定其他 Name-Value 对参数（Name1，Value1，...，NameN，ValueN）。

在创建系统对象时，可以指定的参数及功能如表 5.8 所示。

表 5.8   dsp.TransferFunctionEstimator 系统对象参数功能说明

参数名称	功能说明
SpectralAverages	频谱平均数。将谱平均数指定为正整数标量。传递函数估计器通过平均最后 N 个估计来计算当前估计。N 是 SpectralAverages 属性中定义的频谱平均数，默认值为 8
FFTLengthSource	FFT 长度值的来源。将 FFT 长度值的来源指定为 Auto 或 Property 之一，默认值为 Auto。 如果将此属性设置为 Auto，则传递函数估计器会将 FFT 长度设置为输入帧大小。如果将此属性设置为 Property，则使用 FFTLength 属性指定 FFT 点的数量
FFTLength	FFT 长度。指定传递函数估计器用于将频谱估计值计算为正整数标量的 FFT 长度。将 FFTLengthSource 属性设置为 Property 时，此属性适用，默认值为 128
Window	窗口功能。将传递函数估计器的窗口函数指定为 Rectangular、Chebyshev、Flat Top、Hamming、Hann、Kaiser 中的一个，默认值为 Hann
SidelobeAttenuation	窗口的旁瓣衰减。将窗口的旁瓣衰减指定为实数，正标量，单位为分贝（dB）。将 Window 属性设置为 Chebyshev 或 Kaiser 时，此属性适用，默认值为 60 dB
FrequencyRange	传递函数估计的频率范围。将传递函数估计器的频率范围指定为 twosided、onesided、centered 之一。 如果将 FrequencyRange 设置为 onesided，则传递函数估计器计算实数输入信号 x 和 y 的单个传递函数。如果 FFT 长度 NFFT 是偶数，则传递函数估计的长度是 NFFT / 2 + 1 并且在区间[0,SampleRate / 2]上计算传递函数。如果 NFFT 是奇数，则传递函数估计的长度等于（NFFT + 1）/ 2，并且间隔是 [0,SampleRate / 2]。 如果 FrequencyRange 设置为 twosided，则传递函数估计器计算复数或实数输入信号 x 和 y 的双向传递函数。传递函数估计的长度等于 NFFT，并且在[0,SampleRate]上计算传递函数。 如果将 FrequencyRange 设置为 centered，则传递函数估计器计算复数或实数输入信号 x 和 y 的居中双向传递函数。传递函数估计的长度等于 NFFT，并且对于偶数长度在[–SampleRate / 2 SampleRate / 2]上计算，对于奇数长度在[–SampleRate / 2 SampleRate / 2]上计算传递函数，默认值为 Twosided

续表

参数名称	功能说明
OutputCoherence	幅度平方一致性估计。指定 true 以使用 Welch 的平均修正周期图方法计算并输出幅度平方相干估计。幅度平方相干估计具有 0 和 1 之间的值，用于指示两个输入信号之间的每个频率处的对应关系。如果指定 false，则不计算幅度平方相干估计，默认值为 false

【例 5.5】 生成正弦波。使用 dsp.TransferFunctionEstimator System 对象估计系统传输函数，并使用 dsp.ArrayPlot System 对象显示它。

```
sin=dsp.SineWave('Frequency',100, 'SampleRate', 1000);    %生成正弦波
sin.SamplesPerFrame=1000;
tfe=dsp.TransferFunctionEstimator('FrequencyRange','centered');
aplot=dsp.ArrayPlot('PlotType','Line','XOffset',-500,'YLimits',...
        [-120 5],'YLabel','Frequency Response(dB)',...
        'XLabel','Frequency(Hz)',...
        'Title','System Transfer Function');
%创建一个64阶和截止频率为1/4的FIR滤波器系统对象
firFilt=dsp.FIRFilter('Numerator',fir1(64,1/4));
for ii=1:100
x=sin()+ 0.05*randn(1000,1);          %在正弦波中添加随机噪声
y=firFilt(x);                         %通过System对象获取数据流
Txy=tfe(x,y);
aplot(20*log10(abs(Txy)));            %绘制传递函数幅度
end
```

估计的传递函数幅度如图 5.11 所示。

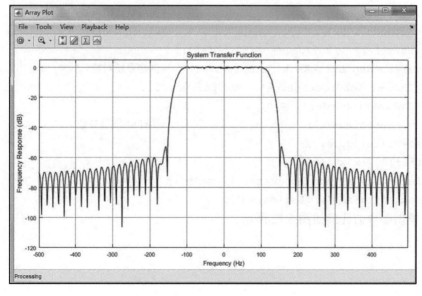

图 5.11　估计的传递函数幅度

通过图 5.11 的示例可看到，该系统的传递函数类似于阶跃函数。

(3) 以 dsp.BurgAREstimator 系统对象为例，介绍参数估计系统对象的使用方法。

dsp.BurgAREstimator 系统对象使用 Burg 方法估计自回归(AR)模型参数。

dsp.BurgAREstimator 系统对象有以下两种使用方法。

①burgarest=dsp.BurgAREstimator;

返回 BurgAREstimator 系统对象 burgarest，使用 Burg 最大熵方法执行参数 AR 估计。

②burgarest=dsp.BurgAREstimator('PropertyName',PropertyValue,...);

返回 BurgAREstimator 系统对象 burgarest，每个指定的属性设置为指定值。

在使用 dsp.BurgAREstimator 系统对象时需要设置的参数及其功能如表 5.9 所示。

表 5.9　dsp.BurgAREstimator 系统对象参数功能说明

参数名称	功能说明
AOutputPort	启用多项式系数的输出。将此属性设置为 true 可输出对象计算的 AR 模型的多项式系数 A，默认值为 true
KOutputPort	启用反射系数的输出。将此属性设置为 true 可输出对象计算的 AR 模型的反射系数 K，默认值为 false
EstimationOrderSource	估计阶的来源。将估算阶确定为 Auto 或 Property。将此属性设置为 Auto 时，对象假定估计阶小于输入向量的长度。将此属性设置为 Property 时，将使用 EstimationOrder 中的值，默认值为 Auto
EstimationOrder	AR 模型的阶。将 AR 模型估计阶设置为实数正整数。将 EstimationOrderSource 设置为 Property 时，此属性适用，默认值为 4

【例 5.6】　使用 dsp.BurgAREstimator 系统对象估计 AR 模型的参数。

```
rng default;                            %使用默认随机数产生器
noise=randn(100,1);                     %归一化高斯白噪声
x=filter(1,[1 1/2 1/3 1/4 1/5],noise);
burgarest=dsp.BurgAREstimator(...       %创建系统对象
    'EstimationOrderSource', 'Property', ...
    'EstimationOrder', 4);
[a, g]=burgarest(x);                    %估计AR模型参数
x_est=filter(g, a, x);
plot(1:100,[x x_est]);
title('Original and estimated signals');
legend('Original', 'Estimated');
```

AR 模型参数估计值如图 5.12 所示。

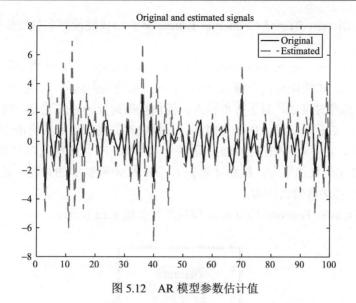

图 5.12　AR 模型参数估计值

观察图 5.12 的结果，AR 模型参数估计值同原始值的走势大致是相同的。

5.2.2　基于 Simulink 模块的频谱分析

基于 Simulink 模块的频谱分析包括非参数估计模块和参数估计模块，各模块及功能如表 5.10 所示。

表 5.10　线性预测模块功能说明

模块类别	模块名称	功能说明
非参数估计	Burg Method	基于 Burg 方法的功率谱密度估计
	Covariance Method	用协方差法估计功率谱密度
	Cross-Spectrum Estimator	估计交叉功率频谱密度
	Discrete Transfer Function Estimator	系统频域传递函数的计算估计
	Magnitude FFT	用周期图法计算频谱的非参数估计
	Modified Covariance Method	用改进协方差法估计功率谱密度
	Periodogram	用周期图法估计功率谱密度或均方根谱
	Short-Time FFT	用短时快速傅里叶变换(FFT)方法测量频谱的非参数估计
	Spectrum Analyzer	显示频谱
	Spectrum Estimator	估计功率谱或功率密度谱
	Yule-Walker Method	用 Yule-Walker 法估计功率谱密度
参数估计	Burg AR Estimator	用 Burg 法计算自回归(AR)模型参数的估计
	Covariance AR Estimator	用协方差法计算自回归(AR)模型参数的估计
	Modified Covariance AR Estimator	用改进协方差法计算自回归(AR)模型参数的估计
	Yule-Walker AR Estimator	用 Yule-Walker 法计算自回归(AR)模型参数的估计

1）以模块 Discrete Transfer Function Estimator 介绍线性预测非参数估计 Simulink 模块的使用方法

Discrete Transfer Function Estimator 模块使用 Welch 的平均修正周期图方法估计系统的频域传递函数。该模块有两个输入 x 和 y，x 是系统输入信号，y 是系统输出信号，x 和 y 必须具有相同的尺寸。对于 2 维输入，模块将每列视为独立通道。模块的采样率等于 $1 / T$，其中，T 是模块输入的采样时间。该模块首先将窗口函数应用于两个输入 x 和 y，然后通过窗口功率对它们进行缩放。取每个信号的 FFT，分别记为 X 和 Y。模块先计算 pxx，pxx 是 X 幅度的平方；然后计算 pyx，pyx 是 X 乘以 Y 的共轭。通过将 pyx 除以 pxx 来计算输出传递函数估计 H。

Discrete Transfer Function Estimator 模块形状如图 5.13 所示。

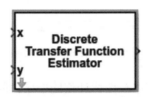

图 5.13　Discrete Transfer Function Estimator 模块

Discrete Transfer Function Estimator 模块参数设置对话框如图 5.14 所示。

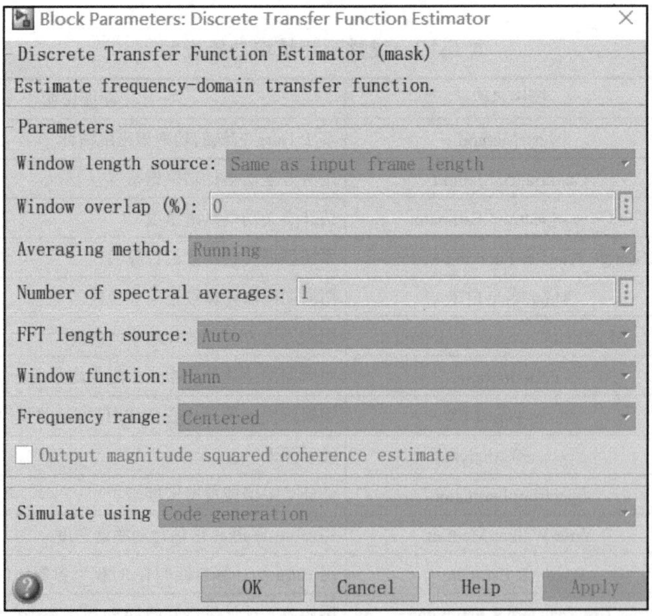

图 5.14　Discrete Transfer Function Estimator 模块参数设置对话框

在 Discrete Transfer Function Estimator 模块中，主要参数及功能如表 5.11 所示。

表 5.11　Discrete Transfer Function Estimator 模块参数功能说明

参数名称	功能说明
Window length source	窗口长度值的来源。可以将此参数设置为 Same as input frame length（default），表示窗口长度设置为输入的帧大小；或设置为 Specify on dialog，窗口长度是在 Window length 中指定的值
Window length	用于计算频谱估计值的窗口长度。用于计算频谱估计值，指定为大于 2 的正整数标量。将 Window length source 设置为 Specify on dialog 时，此参数适用，默认值为 1024
Window Overlap（%）	连续数据窗口之间重叠的百分比，指定为[0,100]范围内的标量，默认值为 0
Number of spectral averages	指定谱平均值的数量。Transfer Function Estimator 模块通过对最后 N 个估计求平均来计算当前估计。N 是谱平均数。它可以是任何正整数标量，默认值为 1
FFT length source	指定 FFT 长度值的来源。它可以是 Auto（默认）或 Property。当 FFT 长度的源设置为 Auto 时，Transfer Function Estimator 模块将 FFT 长度设置为输入帧大小。当 FFT length source 设置为 Property 时，可以在 FFT length 参数中指定 FFT 长度
FFT length	指定 Transfer Function Estimator 模块用于计算频谱估计的 FFT 的长度。可以是任何正整数标量，默认值为 128
Window function	为传递函数估计器块指定窗口函数。可能的值为 Hann（default）、Rectangular、Chebyshev、Flat Top、Hamming、Kaiser
Frequency range	指定传递函数估计的频率范围。可以将其指定为 centered（default）、onesided、twosided。将频率范围设置为 centered（default）时，Transfer Function Estimator 模块会计算实数或复数输入信号 x 和 y 的居中双边传递函数；将频率范围设置为 onesided 时，Transfer Function Estimator 模块计算实际输入信号 x 和 y 的单边传递函数；将频率范围设置为 twosided 时，Transfer Function Estimator 模块计算实数或复数输入信号 x 和 y 的双边传递函数
Simulate using	仿真运行的类型。可以将其选择为 Code generation（default）或 Interpreted execution

【例 5.7】　此示例演示如何使用 Discrete Transfer Function Estimator 模块来估计系统的频域传递函数。

（1）在 MATLAB 命令行输入 ex_discrete_transfer_function_estimator 并运行，打开 ex_discrete_transfer_function_estimator 模型，该模型结构如图 5.15 所示。

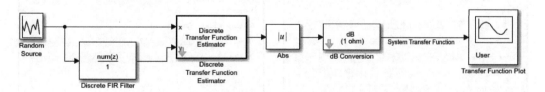

图 5.15　ex_discrete_transfer_function_estimator 模型结构

（2）在该模型中，Discrete Transfer Function Estimator 模块的参数设置如图 5.16 所示。Random Source 模块用于表示系统输入信号，系统输入的采样率为 44.1 kHz。Random Source 模块的输入通过 Discrete FIR Filter（一个归一化截止频率为 0.3 的低通滤波器）滤波后的信号代表系统的输出信号。由于 Discrete Transfer Function Estimator 模块输出复数值，所以取输出值的幅度来查看传递函数估计值，如图 5.17 所示。

图 5.16　Discrete Transfer Function Estimator 模块
　　　　　参数设置

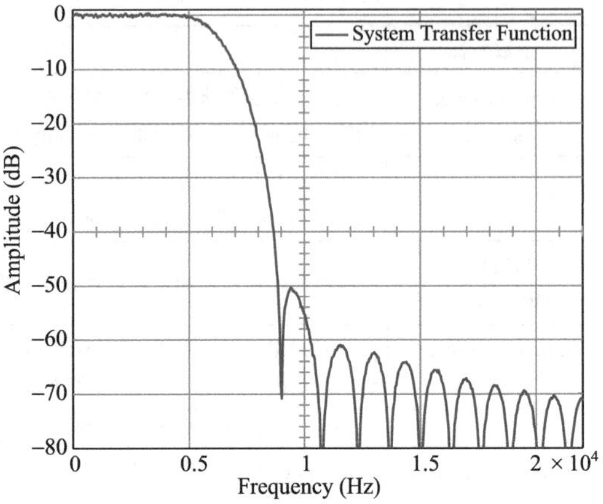

图 5.17　系统传递函数估计值

（3）观察结果，图 5.17 显示的系统传递函数是一个低通滤波器，与离散 FIR 滤波器模块的频率响应相匹配。

2）以模块 Spectrum Estimator 为例，对线性预测模块的使用方法作进一步的介绍

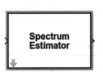

图 5.18　Spectrum Estimator 模块

Spectrum Estimator 模块使用平均修改周期图的 Welch 方法和 filter bank 方法输出实数或复数输入信号的功率谱或功率密度谱。该模块形状如图 5.18 所示。

Spectrum Estimator 模块的参数设置对话框如图 5.19 和图 5.20 所示。

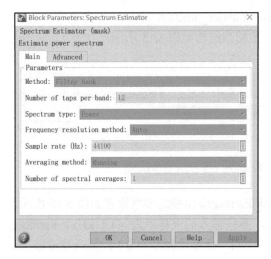

图 5.19　Spectrum Estimator 模块的参数设置对话
　　　　　框 Main 选项卡

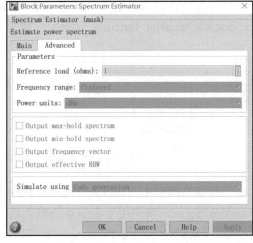

图 5.20　Spectrum Estimator 模块的参数设置对话
　　　　　框 Advanced 选项卡

Spectrum Estimator 模块可设置的参数及功能如表 5.12 所示。

表 5.12　Spectrum Estimator 模块参数功能说明

选项卡	参数名称	功能说明
Main	Method	指定谱估计方法。可选择为 Filter bank (default) 或 Welch
	Number of taps per band	指定每个频段的滤波器系数或抽头数。该值对应于每个多相分支的滤波器系数的数量。滤波器系数的总数等于每个频带的抽头数乘以 FFT 长度。将 Method 设置为 Filter bank 时,此参数适用,默认值为 12
	Spectrum type	要计算的频谱类型。可以将此参数设置为 Power (default),计算功率谱;或 Power density,计算功率谱密度
	Frequency resolution method	频率分辨率方法。可以将此参数设置为 Auto (default)、Welch method、Filter bank method、RBW、Window length、Number of frequency bands
	Sample rate (Hz)	输入信号的采样率,指定为正标量,默认值为 44100
	Number of spectral averages	谱平均数,指定为正整数标量,默认值为 1
Advanced	Reference load (ohms)	用作计算功率值的负载的参考,指定为以欧姆表示的实际正标量,默认值为 1
	Frequency range	频谱估计器的频率范围。可以将此参数设置为 One-sided、Two-sided、Centered (default)
	Power units	用于测量功率的单位。可以将此参数设置为 Watts(默认值),频谱估算器以瓦特为单位测量功率;dBw,频谱估算器以分贝瓦为单位测量功率;dBm,频谱估算器以分贝毫瓦为单位测量功率

【例 5.8】　使用 Spectrum Estimator 模块估计 Chirp 信号的功率谱密度(PSD)。将 PSD 数据与 Bluetooth 频谱模板进行比较,并确定 PSD 数据是否符合模板。

(1) 在 MATLAB 中输入 ex_psd_spectralmask 并运行,打开 ex_psd_spectralmask 模型,该模型结构如图 5.21 所示。

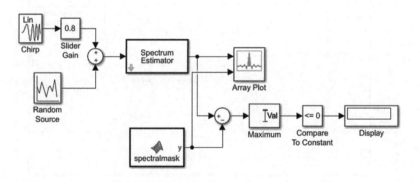

图 5.21　ex_psd_spectralmask 模型

Spectrum Estimator 模块的输入是加入高斯噪声的 Chirp 信号,其均值为零,方差为 0.01,Chirp 信号的增益因子在[0 1]范围内。

(2) ex_psd_spectralmask 模型中 Spectrum Estimator 模块参数设置如图 5.22 和图 5.23 所示。

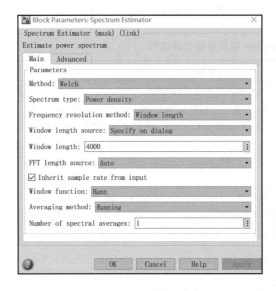 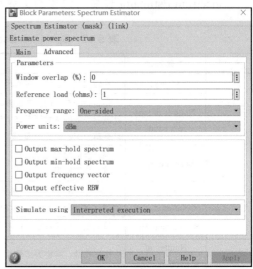

图 5.22　Spectrum Estimator 模块参数设置 Main 选项卡　　　图 5.23　Spectrum Estimator 模块参数设置 Advanced 选项卡

(3) 运行 ex_psd_spectralmas 模型，可以看到示波器显示的波形如图 5.24 所示。

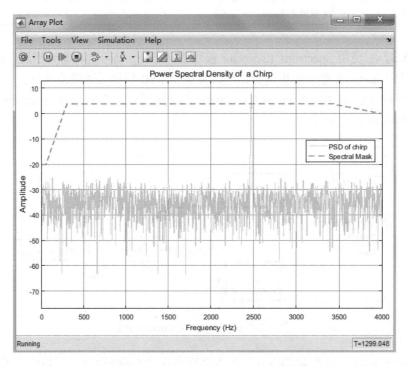

图 5.24　ex_psd_spectralmas 模型输出结果

为了让谱估计符合要求，需要通过实验来不断尝试。

第6章 信号处理系统仿真实例

本节将分别介绍高分辨率频谱分析、Zoom FFT 分析、采用高分辨率滤波器组的功率谱估计以及基于卡尔曼滤波的雷达目标跟踪等四个信号处理系统仿真实例。

6.1 高分辨率频谱分析

本示例演示如何使用高效的滤波器组(有时称为 Channelizer)进行高分辨率频谱分析,同时还演示了传统的修正平均周期图(Welch's)法,以进行比较。

1. 频谱分析中的分辨率

本示例中的分辨率是指区分相邻两个频谱分量的能力。分辨率取决于计算频谱的时域信号的长度。当对时域信号加窗时,所使用的窗类型也会影响分辨率。

不同窗的类型主要影响分辨率和旁瓣衰减两个指标。矩形窗提供了最高分辨率,但旁瓣衰减非常差。差的旁瓣衰减会导致频谱分量被窗操作掩盖。Hanning 窗以降低频率分辨率为代价,提供了良好的旁瓣衰减。可参数化的窗,如 Kaiser 窗,允许通过更改窗参数来控制对二者的侧重程度。

与修正平均周期图法相比,通过使用一个滤波器组的方法,模拟频谱分析器的工作原理,可以获得更高的分辨率估计。其主要思想是使用滤波器组将信号分成不同的子带,并计算每个子带信号的平均功率。

2. 高分辨率频谱分析的具体步骤及代码

下面详细介绍基于滤波器组和修正平均周期图法进行高分辨率频谱分析的具体步骤及代码。

(1)基于滤波器组的频谱估计。

在此示例中,需要使用 512 个不同的带通滤波器来获得与矩形窗频谱分析相同的分辨率。为了有效地实现 512 个带通滤波器,采用了多相分析滤波器库(Channelizer)。这种方法的工作原理是采用具有 Fs/N 带宽的原型低通滤波器,其中 N 为所需的频率分辨率(本示例中为 512),并实现了与 FIR 抽取类似的多相形式的滤波器。每个分支都用 N 点 FFT 作输入,而不是将所有分支的结果添加到抽取情况中。可以看出,FFT 的每个输出对应一个低通滤波器的调制版本,从而实现带通滤波器。滤波器组方法的主要缺点是随着多相滤波器的增加,计算量也随之增加,以及由于滤波器的状态复杂而对变化信号的适应速度变慢。MATLAB 代码如下。

%使用频谱估计的平均值为100,采样率设置为1MHz,每帧有64个样本,需要进行缓

```
%冲, 以便进行频谱估计
NAvg=100;
Fs=1e6;
FrameSize=64;
NumFreqBins=512;
filterBankRBW=Fs/NumFreqBins;
%使用dsp.SpectrumAnalyzer实现一种基于滤波器组的频谱估计方法, 在其内部, 它使用
%dsp.Channelizer实现多相滤波和FFT
filterBankSA=dsp.SpectrumAnalyzer(...
    'Method','Filter bank',...
    'NumTapsPerBand',24,...
    'SampleRate',Fs,...
    'RBWSource','Property',...
    'RBW',filterBankRBW,...
    'SpectralAverages',NAvg,...
    'PlotAsTwoSidedSpectrum',false,...
    'YLimits',[-150 50],...
    'YLabel','Power',...
    'Title','Filter bank Power Spectrum Estimate',...
    'Position',[50 375 800 450]);
```

(2)测试信号。

在本例中, 测试信号每帧包含 64 个样本。对于频谱分析, 帧越大, 分辨率越好。

测试信号由两个正弦波加上高斯白噪声组成。改变子带的数量、振幅、频率和噪声功率值将获得更好的结果。

```
sinegen=dsp.SineWave('SampleRate',Fs,'SamplesPerFrame',FrameSize);
```

(3)初始测试。

开始时, 分别计算振幅为 1 和 2、频率为 200 kHz 和 250 kHz 的正弦波的滤波器组频谱估计。高斯白噪声的平均功率(方差)为 1e-12。

```
release(sinegen);
sinegen.Amplitude = [1 2];
sinegen.Frequency = [200000 250000];

noiseVar = 1e-12;
noiseFloor = 10*log10((noiseVar/(NumFreqBins/2))/1e-3);
fprintf('Noise Floor\n');
fprintf('Filter bank noise floor = %.2f dBm\n\n', noiseFloor);

timesteps = 10 * ceil(NumFreqBins / FrameSize);
for t = 1:timesteps
    x = sum(sinegen(), 2) + sqrt(noiseVar)*randn(FrameSize, 1);
    filterBankSA(x);
```

```
end
```

```
release(filterBankSA);
```
该部分代码运行输出如下：
```
Noise Floor
Filter bank noise floor = -114.08 dBm
```
运行结果如图 6.1 所示。

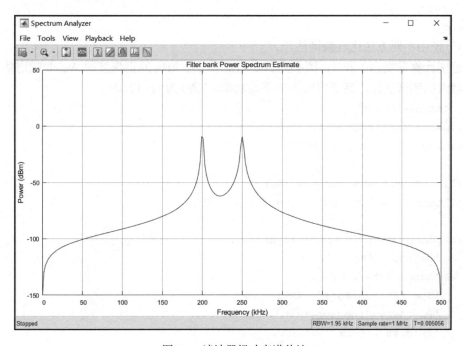

图 6.1　滤波器组功率谱估计

从运行结果可以看出，在频谱估计中准确地显示了两个正弦信号的频率。

（4）用频谱估计器进行数值计算。

dsp.Spectrum Estimator 可用于滤波器组频谱估计。为了给频谱估计器提供更长的帧，在计算频谱估计之前，缓冲器收集 512 个样本。

```
filterBankEstimator = dsp.SpectrumEstimator(...
    'Method', 'Filter bank', ...
    'NumTapsPerBand', 24, ...
    'SampleRate', Fs, ...
    'SpectralAverages', NAvg, ...
    'FrequencyRange', 'onesided', ...
    'PowerUnits', 'dBm');

buff = dsp.AsyncBuffer;

release(sinegen)
```

```
timesteps = 10 * ceil(NumFreqBins / FrameSize);
for t = 1:timesteps
    x = sum(sinegen(), 2) + sqrt(noiseVar)*randn(FrameSize, 1);
    write(buff, x);                        % 缓冲数据
    if buff.NumUnreadSamples >= NumFreqBins
        xbuff = read(buff, NumFreqBins);
        Pfbse = filterBankEstimator(xbuff);
    end
end
```

（5）使用不同方法比较频谱估计。

分别计算振幅为 1 和 2、频率为 200 kHz 和 250 kHz 的正弦波的 Welch 频谱估计和滤波器组的频谱估计。高斯白噪声的平均功率（方差）为 1e–12。

```
release(sinegen)
sinegen.Amplitude = [1 2];
sinegen.Frequency = [200000 250000];

filterBankSA.RBWSource = 'Auto';
filterBankSA.Position = [50 375 400 450];

welchSA = dsp.SpectrumAnalyzer(...
    'Method', 'Welch', ...
    'SampleRate', Fs, ...
    'SpectralAverages', NAvg, ...
    'PlotAsTwoSidedSpectrum', false, ...
    'YLimits', [-150 50], ...
    'YLabel', 'Power', ...
    'Title', 'Welch Power Spectrum Estimate', ...
    'Position', [450 375 400 450]);

noiseVar = 1e-12;

timesteps = 500 * ceil(NumFreqBins / FrameSize);
for t = 1:timesteps
    x = sum(sinegen(), 2) + sqrt(noiseVar)*randn(FrameSize, 1);
    filterBankSA(x);
    welchSA(x);
end

release(filterBankSA);

RBW = 488.28;
hannNENBW = 1.5;
```

```
welchNSamplesPerUpdate = Fs*hannNENBW/RBW;
filterBankNSamplesPerUpdate = Fs/RBW;

fprintf('Samples/Update\n');
fprintf('Welch Samples/Update = %.3f Samples\n', welchNSamplesPerUpdate);
fprintf('Filter bank Samples/Update = %.3f Samples\n\n', filterBank
NSamplesPerUpdate);

welchNoiseFloor = 10*log10((noiseVar/(welchNSamplesPerUpdate/2))/1e-3);
filterBankNoiseFloor = 10*log10((noiseVar/(filterBankNSamplesPerUpdate/
2))/1e-3);

fprintf('Noise Floor\n');
fprintf('Welch noise floor = %.2f dBm\n', welchNoiseFloor);
fprintf('Filter bank noise floor = %.2f dBm\n\n', filterBankNoiseFloor);
```

该部分代码运行输出如下：

```
Samples/Update
Welch Samples/Update = 3072.008 Samples
Filter bank Samples/Update = 2048.005 Samples

Noise Floor
Welch noise floor = -121.86 dBm
Filter bank noise floor = -120.10 dBm
```

运行结果如图 6.2 和图 6.3 所示。

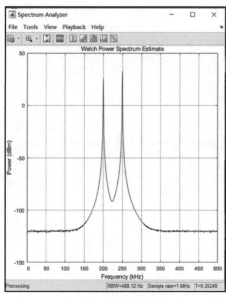

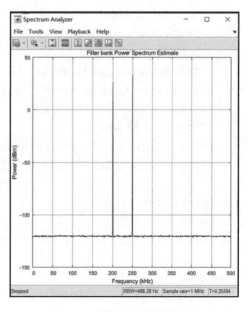

图 6.2 Welch 功率谱估计   图 6.3 滤波器组功率谱估计

Welch 和基于滤波器组的频谱估计都检测到在 200 kHz 和 250 kHz 处各有一个峰值，基于滤波器组的频谱估计有更好的峰值隔离。对于相同的分辨率带宽（RBW），修正平均周期图（Welch's）法需要 3073 个样本来计算频谱，而基于滤波器组的估计只需 2048 个样本。此外，在滤波器组的频谱估计中准确地显示了–120 dBm 的噪声基底。

（6）使用不同的窗比较 welch 法的效果。

使用两个频谱分析器，区别在于使用的窗类型不同：矩形窗或 Hanning 窗。

```
rectRBW = Fs/NumFreqBins;
hannNENBW = 1.5;
hannRBW = Fs*hannNENBW/NumFreqBins;

rectangularSA = dsp.SpectrumAnalyzer(...
    'SampleRate', Fs, ...
    'Window', 'Rectangular', ...
    'RBWSource', 'Property', ...
    'RBW', rectRBW, ...
    'SpectralAverages', NAvg, ...
    'PlotAsTwoSidedSpectrum', false, ...
    'YLimits', [-50 50], ...
    'YLabel', 'Power', ...
    'Title', 'Welch Power Spectrum Estimate using Rectangular window', ...
    'Position', [50 375 400 450]);

hannSA = dsp.SpectrumAnalyzer(...
    'SampleRate', Fs, ...
    'Window', 'Hann', ...
    'RBWSource', 'Property', ...
    'RBW', hannRBW, ...
    'SpectralAverages', NAvg, ...
    'PlotAsTwoSidedSpectrum', false, ...
    'YLimits', [-150 50], ...
    'YLabel', 'Power', ...
    'Title', 'Welch Power Spectrum Estimate using Hann window', ...
    'Position', [450 375 400 450]);

release(sinegen);
sinegen.Amplitude = [1 2];
sinegen.Frequency = [200000 250000];

noiseVar = 1e-12;
timesteps = 10 * ceil(NumFreqBins / FrameSize);
for t = 1:timesteps
    x = sum(sinegen(), 2) + sqrt(noiseVar)*randn(FrameSize, 1);
```

```
    rectangularSA(x);
    hannSA(x);
end
release(rectangularSA);
release(hannSA);
```

该部分代码运行结果如图 6.4 和图 6.5 所示。

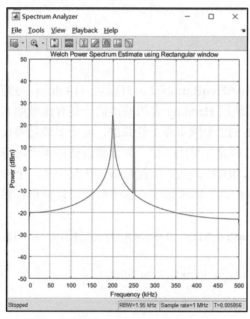

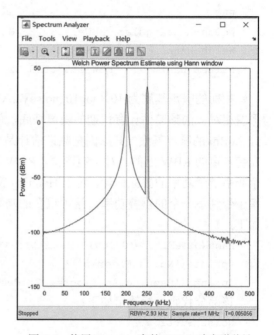

图 6.4　使用矩形窗的 Welch 功率谱估计　　　　图 6.5　使用 Hanning 窗的 Welch 功率谱估计

　　矩形窗以牺牲低旁瓣衰减提供一个狭窄的主瓣。相比之下，Hanning 窗提供了更宽广的主瓣，以换取更大的旁瓣衰减，更宽广的主瓣在 250 kHz 尤其显著。两个窗在正弦波两端频率附近显示较大波动。这可以在噪声基底上掩盖感兴趣的低功率信号。在滤波器组的情况下，这个问题实际上是不存在的。

　　将振幅更改为[0 2]而不是[1 2]，有效地显示出除了噪声外，还有一个 250 kHz 的正弦波。当不受 200kHz 正弦波干扰时，矩形窗的效果特别好，原因是 250 kHz 是平均分割 1MHz 后的 512 个频率之一，在这种情况下，FFT 中固有的频率采样引入的时域副本，使得用于功率谱计算的有限时间数据段有了完美的周期性延伸。一般而言，对于任意频率的正弦波，情况并非如此。这种对正弦波频率的依赖性以及对信号干扰的敏感性是修正周期图法的另一个缺点。

　　(7)分辨率带宽(RBW)。

　　一旦已知输入长度，就可以计算每个分析器的分辨率带宽。RBW 表示被计算功率分量的带宽。在功率谱估计中每个元素的功率值都是通过将功率密度与 RBW 值所跨越的频带相集成来找到的。较低的 RBW 表示较高的分辨率。矩形窗在所有窗中具有最高分辨率。在 Kaiser 窗的情况下，RBW 取决于所使用的旁瓣衰减。

```
fprintf('RBW\n')
fprintf('Welch-Rectangular  RBW=%.3f Hz\n',rectRBW);
fprintf('Welch-Hann          RBW=%.3f Hz\n',hannRBW);
fprintf('Filter bank          RBW=%.3f Hz\n\n',filterBankRBW);
```

该部分代码运行输出如下：

```
RBW
Welch-Rectangular  RBW=1953.125 Hz
Welch-Hann          RBW=2929.688 Hz
Filter bank          RBW=1953.125 Hz
```

预期的噪声基底为 $10 \times \log 10(\text{noiseVar}/(\text{NumFreqBins}/2)/1 \text{ e}{-}3)$ 或约-114 dBm。与矩形窗相对应的频谱估计有预期的噪声基底，但使用 Hanning 窗的频谱估计具有比预期高约 2 dBm 的噪声基底。其原因是频谱估计是在 512 个频率点上计算的，但功率谱是集成在特定窗的 RBW 上的。对于矩形窗，RBW 恰好是 1 MHz/512，因此频谱估计包含对每个频率子带功率的独立估计。对于 Hanning 窗，RBW 较大，因此频谱估计包含从一个频率子带到下一个的重叠功率。这种重叠的功率提高了噪声基底。这个数值可以分析计算如下：

```
hannNoiseFloor=10*log10((noiseVar/(NumFreqBins/2)*hannRBW/rectRBW)/1e-3);
fprintf('Noise Floor\n');
fprintf('Hann noise floor=%.2f dBm\n\n', hannNoiseFloor);
```

该部分代码运行输出如下：

```
Noise Floor
Hann noise floor=-112.32 dBm
```

(8) 正弦曲线相互靠近。

要说明分辨率问题，需考虑以下情况。将正弦波的频率分别调到 200 kHz 和 205 kHz 处时，滤波器组的估计仍然准确。聚焦于基于窗的估计，Hanning 窗具有更宽广的主瓣，与矩形窗估计相比，两个正弦波很难区分。事实上，两类窗的估计都不特别准确。此外，205 kHz 基本上是可以从 200 kHz 区分出来的极限值。对于更接近 205 kHz 的频率，三个估计器都不能将两个频谱分量分开。分离更近分量的唯一方法是拥有更大的帧，因此在使用滤波器组估计器的情况下会有更大数量的 NumFrequencyBands。

```
release(sinegen)
sinegen.Amplitude = [1 2];
sinegen.Frequency = [200000 205000];

filterBankSA.RBWSource = 'Property';
filterBankSA.RBW =  filterBankRBW;
filterBankSA.Position = [850 375 400 450];

noiseVar = 1e-10;
noiseFloor = 10*log10((noiseVar/(NumFreqBins/2))/1e-3); % -94 dBm onesided
```

```
fprintf('Noise Floor\n');
fprintf('Noise floor = %.2f dBm\n\n', noiseFloor);

timesteps = 500 * ceil(NumFreqBins / FrameSize);
for t = 1:timesteps
    x = sum(sinegen(), 2) + sqrt(noiseVar)*randn(FrameSize, 1);
    filterBankSA(x);
    rectangularSA(x);
    hannSA(x);
end

release(filterBankSA);
release(rectangularSA);
release(hannSA);
```

该部分代码运行输出如下：

```
Noise Floor
Noise floor = -94.08 dBm
```

运行结果如图 6.6~图 6.8 所示。

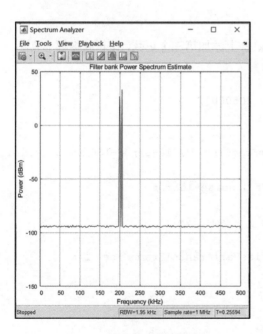

图 6.6　滤波器组功率谱估计

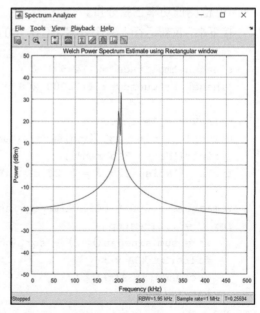

图 6.7　使用矩形窗的 Welch 功率谱估计

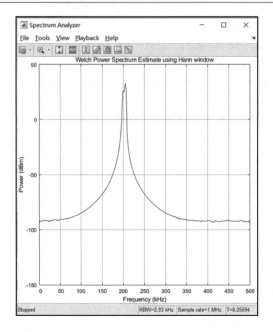

图 6.8　使用 Hanning 窗的 Welch 功率谱估计

（9）检测低功率正弦分量。

接下来，重新运行上一个方案，但在 170 kHz 上添加第三个正弦，该正弦振幅非常小。

```
release(sinegen)
sinegen.Amplitude = [1e-5 1 2];
sinegen.Frequency = [170000 200000 205000];

noiseVar = 1e-11;
noiseFloor = 10*log10((noiseVar/(NumFreqBins/2))/1e-3); % -104 dBm onesided
fprintf('Noise Floor\n');
fprintf('Noise floor = %.2f dBm\n\n', noiseFloor);

timesteps = 500 * ceil(NumFreqBins / FrameSize);
for t = 1:timesteps
    x = sum(sinegen(), 2) + sqrt(noiseVar)*randn(FrameSize, 1);
    filterBankSA(x);
    rectangularSA(x);
    hannSA(x);
end

release(filterBankSA);
release(rectangularSA);
release(hannSA);
```

该部分代码运行输出如下：

```
Noise Floor
Noise floor = -104.08 dBm
```

运行结果如图 6.9~图 6.11 所示。

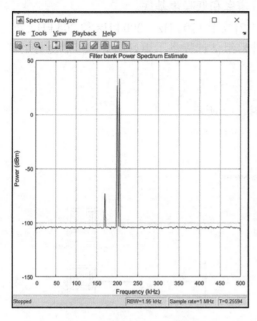

图 6.9 滤波器组功率谱估计

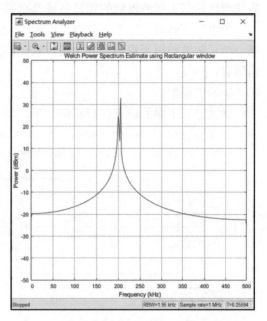

图 6.10 使用矩形窗的 Welch 功率谱估计

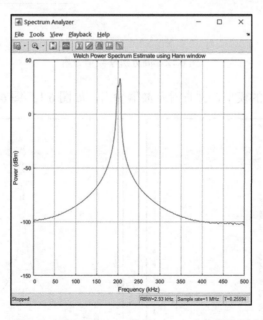

图 6.11 使用 Hanning 窗的 Welch 功率谱估计

从运行结果可以看出，第三个正弦完全被矩形窗估计和 Hanning 窗估计所忽略。滤波器组估计提供了更好的分辨率和更好的峰值隔离，使三个正弦波清晰可见。

(10) 频谱分析器的 Simulink 版本。

上面所示的高分辨率频谱估计方法，可以用频谱分析器模块(Spectrum Analyzer

block.)在 Simulink 中建模。Simulink 中的 **SpectrumAnalyzerFilterBank** 模型说明了与 Welch 方法相比，基于滤波器组的频谱估计具有高分辨率和低噪声基底。

考虑以下情况。三个正弦波以振幅[1e–5 1 2]位于 170 kHz、200 kHz 和 205 kHz 处。第一个正弦波被矩形窗估计完全地忽略。滤波器组估计提供了更好的分辨率和更好的峰值隔离。

①示例模型。

通过输入下面的语句打开示例模型，如图 6.12 所示。

```
open_system('SpectrumAnalyzerFilterBank');
sim('SpectrumAnalyzerFilterBank');
```

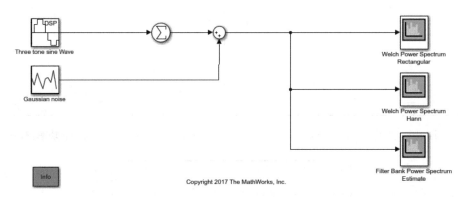

图 6.12　高分辨率频谱分析

运行图 6.12 所示的模型，并查看示波器输出，如图 6.13~图 6.15 所示：

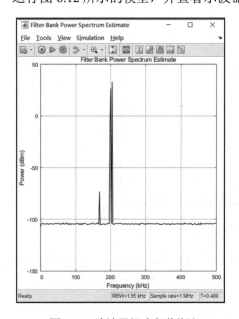

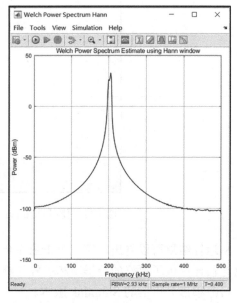

图 6.13　滤波器组功率谱估计　　　图 6.14　使用 Hann 窗的 Welch 功率谱估计

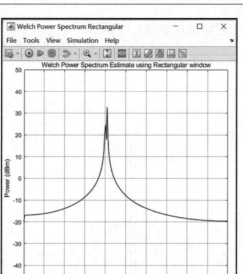

图 6.15　使用矩形窗的 Welch 功率谱估计

②关闭模型。

通过输入以下语句关闭模型：

```
bdclose('SpectrumAnalyzerFilterBank');
```

(11) 频谱估计器的 Simulink 版本。

对上述高分辨率频谱估计的数值计算也可以用频谱估计块(Spectrum Estimator block)在 Simulink 中建模。使用 Simulink，其中 dspfilterbankspectrumestimation 模型说明了与 Welch 的方法相比，基于滤波器组的频谱估计具有高分辨率能力和低噪声基底。数组图提供了一种绘制频谱估计的简便方法用于可视化结果。

①示例模型。

通过输入下面的语句打开示例模型，如图 6.16 所示。

```
open_system('dspfilterbankspectrumestimation');
sim('dspfilterbankspectrumestimation');
```

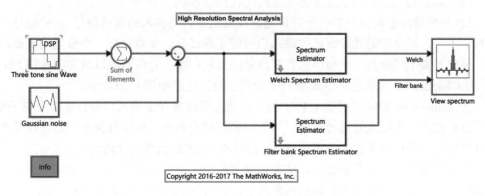

图 6.16　高分辨率频谱分析

运行该模型，并查看输出，如图 6.17 所示。

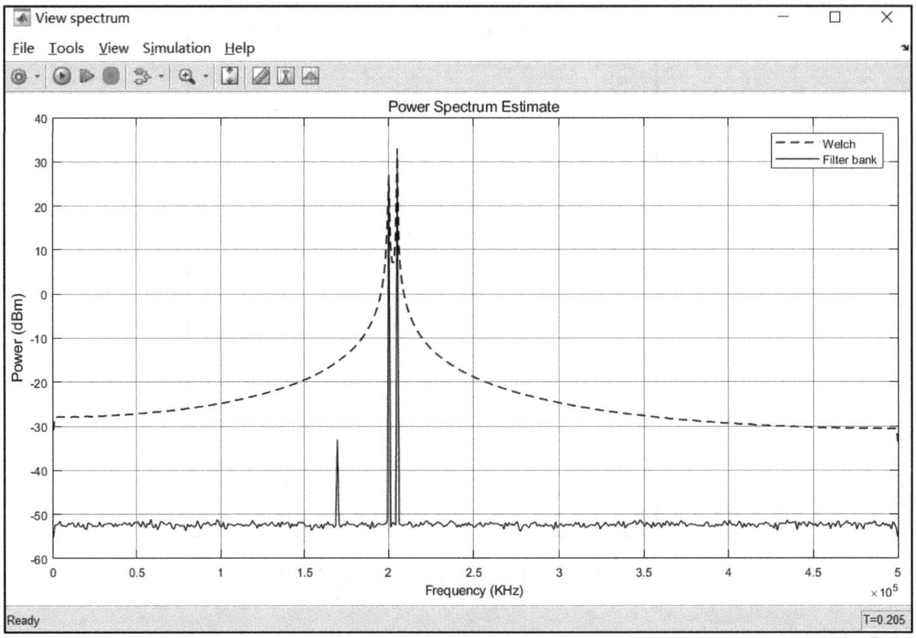

图 6.17　功率谱估计

②关闭模型。

通过输入以下语句关闭模型：

```
bdclose('dspfilterbankspectrumestimation');
```

6.2　采用高分辨率滤波器组的功率谱估计

本示例展示了如何使用一个高效的多相滤波器组(有时称为 Channelizer)进行高分辨率频谱分析。

(1)在 MATLAB 命令窗口直接输入以下命令，运行示例模型如图 6.18 所示。

```
HighResolutionFilterBankSpectralEstimation
```

(2)分析滤波器组由一系列平行带通滤波器组成，将输入的宽带信号 $x(n)$ 划分成一系列窄子带，每个带通滤波器接收输入信号的不同部分。在带宽被一个带通滤波器减小后，该信号被下采样到一个与新的带宽相称的低采样率。分析滤波器组如图 6.19 所示。

①Channelizer 模块是一个多相 FFT 分析滤波器组，如图 6.20 所示。

②Channelizer 模块使用基于 FFT 的分析滤波器组将宽带输入信号分成多个窄子带。滤波器组使用一个原型低通滤波器，并使用多相结构实现。可以直接指定滤波器系数或设计参数，指定设计参数时，将使用 designMultirateFIR 函数设计滤波器。

此模块接受大小可变的输入，即在仿真过程中，可以更改每个输入通道的大小，但通道数无法更改。包含输入和输出两种端口，相关输入输出数据如表 6.1 所示。

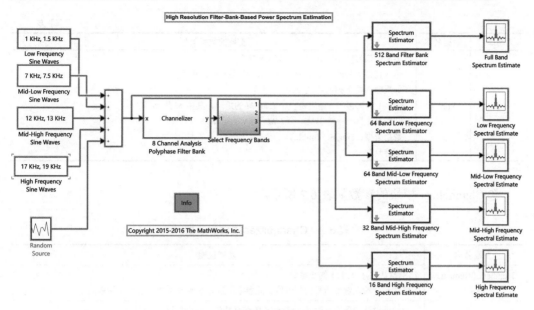

图 6.18　高分辨率滤波器组的功率谱估计

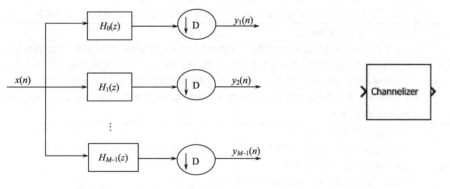

图 6.19　分析滤波器组　　　　　　　　图 6.20　Channelizer 模块

表 6.1　输入输出数据

端口	数据名称	支持的数据类型
输入	x	宽带信号[$L×1$ 列向量 | $L×N$ 矩阵] Channelizer 模块将输入的宽带信号分成多个窄子带。输入信号中的行数必须是滤波器组频带数的倍数。输入的每一列对应于一个单独的通道。 端口未命名，直到将多相滤波器规格（Polyphase filter specification）设置为系数（Coefficients）并选择从输入端口中指定系数。 数据类型：single、double。 支持复数
	coeffs	原型低通滤波器系数[行向量] 原型低通滤波器的系数。每个频带必须至少有一个系数，如果低通滤波器的长度小于频带数，则用 0 填充系数。 依赖（Dependencies）：当将多相滤波器规格设置为系数并选择从输入端口中指定系数时，将出现此端口。 数据类型：single、double

端口	数据名称	支持的数据类型
输出	Port_1	多窄带信号[$L/M×M$ | $L/M×M×N$ 数组] 输入宽带信号的多窄子带。每个窄带信号在输出中形成一列。 如果输入是下列内容之一: ①$L×1$ 列向量——输出是一个 $L/M×M$ 的矩阵, 其中 M 是频带数。 ②$L×N$ 矩阵——输出是一个 $L/M×M×N$ 的矩阵。 数据类型: single、double。 支持复数

③Channelizer 模块的参数如表 6.2 所示。

表 6.2　Channelizer 模块的参数

参数名称	功能说明
Number of frequency bands	[8(默认值)| 大于 1 的正整数] 模块划分输入宽带信号的频带数。此参数表示算法使用的 FFT 长度和抽取因子
Polyphase filter specification	滤波器设计参数或系数[每个频带和阻带衰减的次数(默认值)| 系数] ①每个频带和阻带衰减的抽头数——通过每个频带的滤波抽头数和阻带衰减(dB)参数指定滤波器设计参数。指定设计参数时, 将使用 designMultirateFIR 函数设计滤波器。 ②系数——使用原型低通滤波器系数或者通过 coeffs 端口进行输入, 直接指定滤波系数
Number of filter taps per frequency band	[12(默认值)| 正整数] 每个多相分支使用的滤波系数的数目, 多相分支的数目与频带数相匹配。该原型低通滤波器滤波系数的总数目是由(频带数×每个频带的滤波数)给出的。对于给定的阻带衰减, 增加每个频带的抽头数会缩小滤波器的过渡宽度。因此, 每个频带有更多的可用带宽, 且计算量更大。 依赖: 要启用此参数, 需将 Polyphase filter specification 设置为 Number of taps per band and stopband attenuation
Stopband attenuation(dB)	[80(默认值)|正实标量] 低通滤波器的阻带衰减, 单位为 dB。此值控制从一个频带到下一个频带的最大混叠量。随着阻带衰减的增加, 通带波纹减小。 依赖: 要启用此参数, 方法同上一个参数
Specify coefficients from input port	[关闭(默认)| 打开] 选中此复选框后, 将通过 coeffs 端口输入低通滤波器系数。取消此复选框时, 通过 Prototype lowpass filter coefficients 参数在模块对话框中指定系数。 依赖: 要启用此参数, 需将多相滤波器规格设置为 Coefficients
Prototype lowpass filter coefficients	原型低通滤波器系数[rcosdesign(0.25, 6, 8, 'sqrt')(默认值)| 行向量] 原型低通滤波器的系数。默认值是 rcosdesign(0.25, 6, 8, 'sqrt')返回的系数向量。每个频带必须至少有一个系数。如果低通滤波器的长度小于频带数, 则模块用 0 填充系数。 此参数可调。 依赖: 要启用此参数, 需将 Polyphase filter specification 设置为 Coefficients, 并清除 Specify coefficients from input port 参数
Simulate using	仿真运行方式[Code generation(默认)|Interpreted execution] ①Code generation。使用生成的 C 代码仿真模型。第一次运行仿真时, Simulink 为模块生成 C 代码。只要模型不改变, C 代码就会被重复使用以进行后续仿真。此选项需要额外的启动时间, 但比 Interpreted execution 提供更快的仿真速度。 ②Interpreted execution。用 MATLAB 编译器仿真模型。此选项缩短了启动时间, 但仿真速度比 Code generation 慢

(3)运行图 6.18 所示模型，然后查看各个频谱估计输出，如图 6.21～图 6.25 所示。

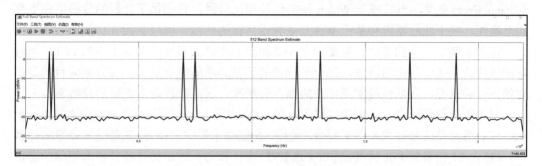

图 6.21　512 频带频谱估计

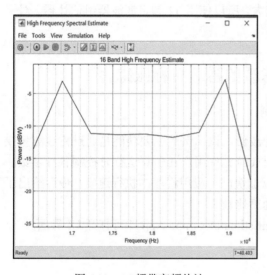

图 6.22　16 频带高频估计

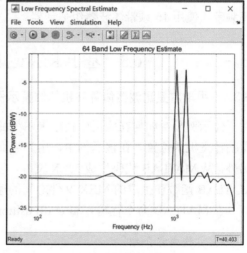

图 6.23　64 频带低频估计

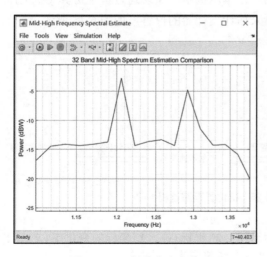

图 6.24　32 频带中高频估计

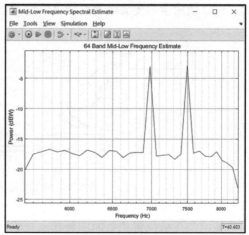

图 6.25　64 频带中低频估计

本示例比较全频带和子频带的频谱估计器。这两种频谱估计器都使用多相滤波器组 (Channelizer) 实现，当与基于 Welch 法的估计相比较时，它提供了良好的分辨率和更高的准确性。关于滤波器组和基于 Welch 法频谱估计的比较，可以参阅 6.1 节。

在本示例中，全频带估计需要一个 512 相的 FIR 滤波器和一个 512 点的 FFT，以进行频谱估计。随着频率的增加，每个子频带的正弦频率间隔会更大。该方案的目的是建立如下一种情况，在低频段需要更高的频率分辨率，在高频段需要更低的分辨率。

相比较全频带而言，子频带方法更有效。它采用一个 8 相的多相 FIR 滤波器和一个 8 点 FFT 将宽带信号分成 8 个子频带。随后，在低频子带中使用 64 频带滤波器组估计器 (本身包含 64 相多相 FIR 滤波器和 64 点 FFT) 来计算与全频带估计器分辨率相同的谱估计。同样的实现也适用于中低频带。

对于中高频带，由于正弦波间隔距离较大，所以使用 32 频带滤波器组估计器。对于高频带，使用 16 频带滤波器组估计器。

6.3 基于卡尔曼滤波的雷达目标跟踪

6.3.1 用卡尔曼滤波器估算飞机的位置示例

此示例显示如何在应用中使用卡尔曼滤波器，该示例的主要功能是通过雷达测量模型估计飞机的位置。在该示例中，用户界面 (UI) 允许用户在仿真运行时控制各种参数。另外，从 MATLAB 代码生成 MEX 文件，以加快同一应用程序的执行速度，最后给出了 MATLAB 函数和生成的 MEX 文件之间的速度比较。

在 MATLAB 命令行输入 aircraftPositionEstimateExampleApp 即可打开 UI 界面。

1. 实验内容介绍

卡尔曼滤波器通常用于跟踪和导航应用。在本示例中，实现通过雷达仿真飞机的跟踪。可以使用卡尔曼滤波器对噪声雷达测量来估计飞行器的位置，如图 6.26 所示。

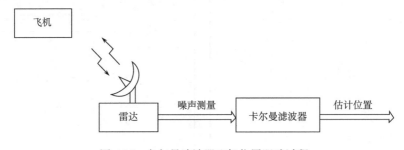

图 6.26 卡尔曼滤波器飞机位置跟踪过程

使用与飞机位置相关的四种状态来描述系统：X 坐标 (x)、X 坐标的变化率 $(\dot{x})$、Y 坐标 (y) 和 Y 坐标的变化率 $(\dot{y})$。因此，可以将系统建模为

$$\begin{bmatrix} x(k) \\ \dot{x}(k) \\ y(k) \\ \dot{y}(k) \end{bmatrix} = \begin{bmatrix} 1 & 1 & 0 & 0 \\ 0 & 1 & 0 & 0 \\ 0 & 0 & 1 & 1 \\ 0 & 0 & 0 & 1 \end{bmatrix} \begin{bmatrix} x(k-1) \\ \dot{x}(k-1) \\ y(k-1) \\ \dot{y}(k-1) \end{bmatrix} + w(k-1) \tag{6-1}$$

$$\begin{bmatrix} z_1(k) \\ z_2(k) \end{bmatrix} = \begin{bmatrix} 1 & 0 & 0 & 0 \\ 0 & 0 & 1 & 0 \end{bmatrix} \begin{bmatrix} x(k) \\ \dot{x}(k) \\ y(k) \\ \dot{y}(k) \end{bmatrix} + v(k) \tag{6-2}$$

其中，加入的噪声是独立的高斯白噪声。

$$P(w) \sim N(0, Q) \tag{6-3}$$

$$P(V) \sim N(0, R) \tag{6-4}$$

2. 卡尔曼滤波器系统对象

本示例中使用的卡尔曼滤波器系统对象为 dsp.KalmanFilter。

在本示例中，使用 HelperAircraftKalmanFilterSim 函数来生成 RADAR 的测量值，然后使用卡尔曼滤波器进行估计。

代码如下所示：

```
function [trueX, trueY, noisyX, noisyY, filteredX, filteredY, ...
 XNoise, YNoise, XThrust, YThrust] = ...
   HelperAircraftKalmanFilterSim(XNoise, YNoise, XThrust, YThrust, Fs, S)
%HelpeRAircraftKalmanFilterSim声明，初始化并逐步执行卡尔曼滤波器系统对象，该函
%数还通过GUI接收可调参数的输入。
%Inputs:
%XNoise     - X-Position的噪声方差
%YNoise     - Y-Position的噪声方差
%XThrust    - 用于产生飞机X-Position的加速度输入
%YThrust    - 用于产生飞机Y-Position的加速度输入
%Fs         - 采样率
%S          - 具有调整参数的结构
%
%Outputs:
%trueX      - 飞机的实际X坐标
%rueY       - 飞机的实际Y坐标
%noisyX     - 添加了测量噪声的飞机的x坐标
%noisyY     - 添加了测量噪声的飞机的Y坐标
%filteredX  - 通过卡尔曼滤波器估计的飞机的X坐标
%filteredY  - 通过卡尔曼滤波器估计的飞机的Y坐标
%XNoise     - XNoise的更新值
%YNoise     - YNoise的更新值
%XThrust    - XThrust的更新值
```

```
%YThrust     -   YThrust的更新值
%stopSim     -   停止仿真标记位，为true则停止需要停止的仿真

%初始化
%由于需要在调用函数之间保持不变，将其声明为persistant
persistent kalmanFilt
if isempty(kalmanFilt)
%使用System对象的第一步是声明它并根据应用程序初始化其属性，参数设置
%为与aircraft-RADAR系统匹配，如示例的Introduction部分所述
kalmanFilt = dsp.KalmanFilter;      %创建系统对象
    kalmanFilt.StateTransitionMatrix = [1 1 0 0; 0 1 0 0 ; 0 0 1 1; 0 0 0 1];
    kalmanFilt.ControlInputPort = false;
    kalmanFilt.MeasurementMatrix = [1 0 0 0; 0 0 1 0];
    kalmanFilt.ProcessNoiseCovariance = 0.005*eye(4);
    kalmanFilt.MeasurementNoiseCovariance = [XNoise 0; 0 YNoise];
    kalmanFilt.InitialStateEstimate = [100; -5; -100; 10];
    kalmanFilt.InitialErrorCovarianceEstimate = zeros(4);
end


if  S.ValuesChanged
    paramNew = S.TuningValues;
    XThrust = paramNew(1);          % Thrust in X-direction
    YThrust = paramNew(2);          % Thrust in Y-direction
    XNoise = paramNew(3);           % Noise variance for X-Position
    YNoise = paramNew(4);           % Noise variance for Y-Position
    kalmanFilt.MeasurementNoiseCovariance = [XNoise 0; 0 YNoise];
end


if S.Reset
    reset(kalmanFilt);
end

%获得雷达测量值
%使用HelperGenerateRadarData中的模型生成测量值
[trueX, trueY, noisyX, noisyY] = ...
    HelperGenerateRadarData(1, XNoise, YNoise, XThrust, YThrust, Fs);
noisyXY = [noisyX; noisyY];         % RADAR测量的噪声

%%Call the step function of the System object
filteredXY = kalmanFilt(noisyXY);
filteredX = filteredXY(1);
filteredY = filteredXY(2);
```

3. 生成雷达测量的模型

模型仿真飞机的加速度值，并使用它来生成笛卡尔坐标系中的位置和速度数据。要通过 RADAR 天线创建不准确的测量值，可以将噪声添加到数据中。生成该模型的代码如下所示：

```
function [trueX, trueY, noisyX, noisyY] = ...
    HelperGenerateRadarData(numSteps, XNoise, YNoise, XThrust, YThrust, Fs)
%HELPERGENERATERADARDATA对飞机雷达系统进行建模，并为飞机的位置生成真实有噪声的
%测量结果。
%Input:
%tSteps - 生成数据的时间步数
%XNoise - X-Position的噪声方差
%YNoise - Y-Position的噪声方差
%XThrust    - 用于产生飞机X-Position的加速度输入
%YThrust    - 用于产生飞机Y-Position的加速度输入
%Fs         - 采样率
%
%Outputs:
%trueX  - 飞机的实际X-Position
%trueY  - 飞机的实际Y-Position
%noisyX - 添加了噪音的X-Position
%noisyY - 添加了噪音的Y-Position
%
%变量初始化

persistent thrustPrev velocityPrev positionPrev
%由于函数可以在循环中多次调用这些变量值，将这些变量声明为persistant
measNoisePower = [XNoise,YNoise];          %测量噪声的噪声功率
thrust         = [XThrust, YThrust];       %飞机的加速度

if isempty(positionPrev)
    % 初始化值
    thrustPrev = [0, 0];
    Speed = 4;
    velocityPrev = [0,Speed];
    positionPrev = [2000,-4000];
end

tauc = 5;
tauT = 4;
K = 5;                                     %积分器的增益
T = 1/Fs;                                  %步长
```

```matlab
g = 32.2;
trueX = zeros(numSteps,1);                          %飞机路径的实际X坐标
trueY = zeros(numSteps,1);                          %飞机路径的实际Y坐标
noisyX = zeros(numSteps,1);                         %飞机路径的噪声X坐标
noisyY = zeros(numSteps,1);                         %飞机路径的噪声Y坐标
for ind = 1:numSteps                                %通过迭代计算位置
    sigX = thrust(1);                               %生成飞机的加速度值
    sigY = thrust(2);
    sig = [sigX, sigY];

    %加速模型
    %计算当前时间步的飞机加速度值
    sig = sig - thrustPrev.*[1/tauc, 1/tauT];
    thrustNew = thrustPrev + K*T*sig;
    thrustPrev = thrustNew;
    acc = thrustNew * g;

    %速度模型
    %计算当前时间步的飞机速度值
    vel = velocityPrev + K*T*acc;
    velocityPrev = vel;

    %位置模型
    %计算当前时间步的飞机位置值
    pos = positionPrev + K*T*vel;
    positionPrev = pos;

    %XY中位置的真实值
    trueX(ind) = pos(1);
    trueY(ind) = pos(2);

    %添加测量噪音
    noiseX = randn * sqrt(measNoisePower(1));        %X测量噪声
    noiseY = randn * sqrt(measNoisePower(2));        %Y测量噪声

    noisyX(ind) = trueX(ind) + noiseX;
    noisyY(ind) = trueY(ind) + noiseY;

end
```

4. 在 MATLAB 中使用卡尔曼滤波器

该示例应用的核心算法将卡尔曼滤波器应用于噪声雷达测量。它执行以下任务序列。

(1)初始化卡尔曼滤波器系统对象。

(2)根据飞机雷达系统分配其属性。

(3)生成有噪声的 RADAR 测量并将其传递给卡尔曼滤波器系统对象。

函数 aircraftPositionEstimateExampleApp 包含上述循环调用的算法,可以实现对飞机的连续跟踪。它还绘制了飞机的轨迹用以比较真实位置,位置的噪声测量和位置的卡尔曼滤波估计的差别。注:仅当 plotResults 输入函数为 true 时才会创建绘图。aircraftPositionEstimateExampleApp 函数代码如下所示:

```
Function scopeHandles = aircraftPositionEstimateExampleApp(genCode, ...
                              plotResults,numTSteps)
%AircraftPositionEstimateExampleApp函数初始化并逐步执行卡尔曼滤波器
%系统对象,然后将结果显示在示波器中。该函数返回包含示波器的结构。
%Input:
%genCode    - 如果为true,则将MEX文件用于算法的仿真。默认值为false
%plotResults - 如果为true,则结果显示在示波器上。默认值为true
%numTSteps   - 时间步数。默认值是无限长
%Output:
%scopeHandles - 如果plotResults为true,则这是一个包含四个示波器的
%结构: X-position, Y-position,error in X-position和error in Y-position

%输入的默认值
maxTStepsPresent = true;
simCount = 0;
if nargin < 3
    maxTStepsPresent = false;    %继续仿真,直到使用者要求停止
end
if nargin < 2
    plotResults = true;          %在示波器上绘制结果
end
if nargin == 0
    genCode = false;             %不要产生代码
end

%初始化
%初始化将由UI调整的参数。加速度参数影响飞机轨迹,噪声参数增加了雷达的
%测量噪声。
```

```
Clear        HelperGenerateRadarData        HelperAircraftKalmanFilterSim
HelperAircraftKalmanFilterMEX
                                  %清除函数中的永久变量

rng(1);                           %获得可重复的结果
XNoise  = 1e6;                    %X坐标的噪声方差
YNoise  = 5e5;                    %Y坐标的噪声方差
XThrust = 5;                      %X方向的飞机加速度
YThrust = -3;                     %Y方向的飞机加速度
Fs      = 1000;                   %每秒样本数

%设置时间范围
%使用示波器查看卡尔曼滤波器的结果。请注意，仅当plotResults变量为true时
%才会绘制结果。
if plotResults
    scopeHandles = load('AircraftPositionEstimateScopes.mat');

    XScope      = scopeHandles.XScope;
    YScope      = scopeHandles.YScope;
    XErrorScope = scopeHandles.XErrorScope;
    YErrorScope = scopeHandles.YErrorScope;

    screen = get(0,'ScreenSize');
    outerSize = min((screen(4)-40)/2, 512);
    XScope.Position   = [8,  screen(4)-outerSize+8,  outerSize-16,
outerSize-92];
    YScope.Position = [outerSize+8, screen(4)-outerSize+8, outerSize-16,
outerSize-92];
    XErrorScope.Position  = [8,  screen(4)-2*outerSize+8,  outerSize-16,
outerSize-92];
    YErrorScope.Position   = [outerSize+8,   screen(4)-2*outerSize+8,
outerSize-16, outerSize-92];
    else
    XScope = [];
    YScope = [];
    XErrorScope = [];
    YErrorScope = [];
    end

%创建UI以调整加速度和噪声值，定义要调整的参数
param = struct([]);
```

```
param(1).Name = 'Thrust in X-Position';
param(1).InitialValue = XThrust;
param(1).Limits = [-70, 70];

param(2).Name = 'Thrust in Y-Position';
param(2).InitialValue = YThrust;
param(2).Limits = [-70, 70];

param(3).Name = 'Var of noise in X-Position';
param(3).InitialValue = XNoise;
param(3).Limits = [0, 1e7];

param(4).Name = 'Var of noise in Y-Position';
param(4).InitialValue = YNoise;
param(4).Limits = [0, 1e7];


%创建UI并将参数传递给它
tuningUI = HelperCreateParamTuningUI(param, 'Thrust and Variance of
    Measurement Noise','isInLegacyMode',false);


%使用卡尔曼滤波器估计
%配置一个循环,在每个时间步骤收集测量值并将其传递给滤波器系统对象。
%使用最新的测量值执行系统对象hKalman,将结果绘制在示波器上。
%设置MSE的运行平均值
meanX = dsp.Mean('RunningMean', true);
meanY = dsp.Mean('RunningMean', true);


%数据流
while (1)
    drawnow limitrate;   %需要处理UI回调
        S = HelperUnpackUIData(tuningUI);
    if S.Pause
        continue;
    end
        if S.Stop      %当按下"停止仿真"按钮时,跳出循环
        break;
    end
% 生成RADAR的测量值,然后使用卡尔曼滤波器进行估计
    if ~genCode
        [trueX, trueY, noisyX, noisyY, filteredX, filteredY, ...
            XNoise, YNoise, XThrust, YThrust] = ...
```

```
        HelperAircraftKalmanFilterSim(XNoise, YNoise, XThrust, YThrust, Fs , S);
    else
        [trueX, trueY, noisyX, noisyY, filteredX, filteredY, ...
            XNoise, YNoise, XThrust, YThrust] = ...
        HelperAircraftKalmanFilterMEX(XNoise, YNoise, XThrust, YThrust, Fs, S);
    end

    %在估计中的运行平均相对误差
    estErrorX = meanX( abs((filteredX-trueX)/trueX));
    estErrorY = meanY( abs((filteredY-trueY)/trueY));

    %在示波器中绘制
    if plotResults
        XScope( noisyX, trueX, filteredX);
        YScope( noisyY, trueY, filteredY);
        XErrorScope( 20*log10(estErrorX));
        YErrorScope( 20*log10(estErrorY));
    end

    %如果达到最大仿真次数，则停止仿真
    if maxTStepsPresent
        simCount = simCount + 1;
        if (simCount == numTSteps)
            break;
        end
    end
end

if ishghandle(tuningUI)          %如果参数调整UI已打开，则将其关闭
    delete(tuningUI);
    drawnow;
    clear hUI
end
if plotResults
    release(XScope);
    release(YScope);
    release(XErrorScope);
    release(YErrorScope);
end
```

图 6.27～图 6.30 中的图表是运行上述仿真过程 2000 个时间步的输出。

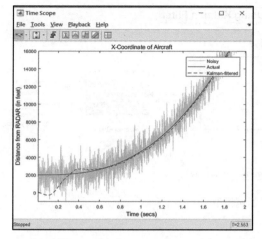

图 6.27　x 坐标

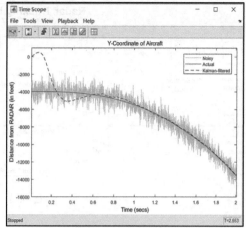

图 6.28　y 坐标

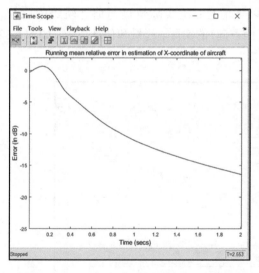

图 6.29　x 坐标估计值的运行平均相关误差

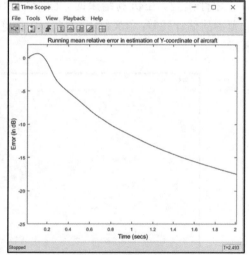

图 6.30　y 坐标估计值的运行平均相关误差

通过上面的图可以看出卡尔曼滤波器对噪声有一定的缓解作用。

6.3.2　雷达跟踪示例

此示例展示如何使用卡尔曼滤波器从噪声雷达测量中估计飞机的的位置和速度，本例主要通过 Simulink 仿真模型的方式来实现雷达跟踪。下面介绍具体的实验步骤。在 MATLAB 命令行中输入 aero_radmod_dsp 并运行即可打开该模型。

1. 使用卡尔曼滤波器的雷达跟踪模型

该模型有三个主要功能：①在方位坐标系中生成飞机位置、速度和加速度；②增加了测量噪声，用于仿真传感器产生的不准确的读数；③使用卡尔曼滤波器估算噪声测量的位置和速度。该模型结构如图 6.31 所示。

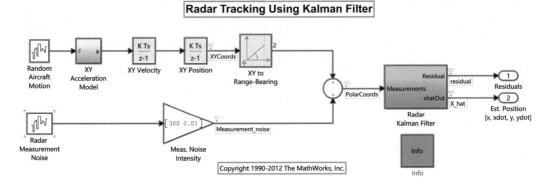

图 6.31   示例模型

2. 卡尔曼滤波器仿真输出

运行模型。在仿真结束时，图形显示以下信息：①实际轨迹与估计轨迹的比较；②范围的估计残差；③X（南北方向）和 Y（东西方向）的实际、测量和估计位置，如图 6.32 所示。

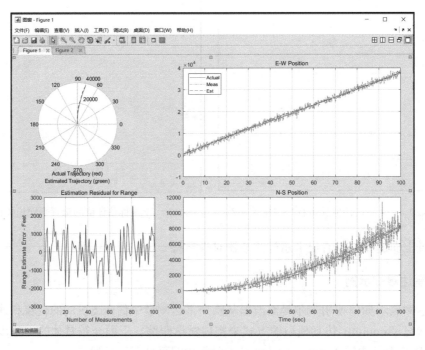

图 6.32   模型输出示例

3. Radar Kalman Filter 子系统参数设置

飞机的位置和速度的估计由图 6.31 模型结构中的 Radar Kalman Filter 子系统执行。该子系统对噪声测量进行采样，将其转换为直角坐标，并将它们作为输入发送到 DSP

System Toolbox 中的卡尔曼滤波器模块，该子系统的结构如图 6.33 所示。

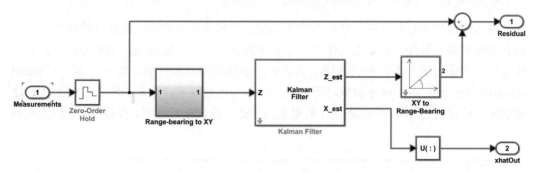

图 6.33　Radar Kalman Filter 子系统

其中，卡尔曼滤波器模块的各参数设置如图 6.34 所示。

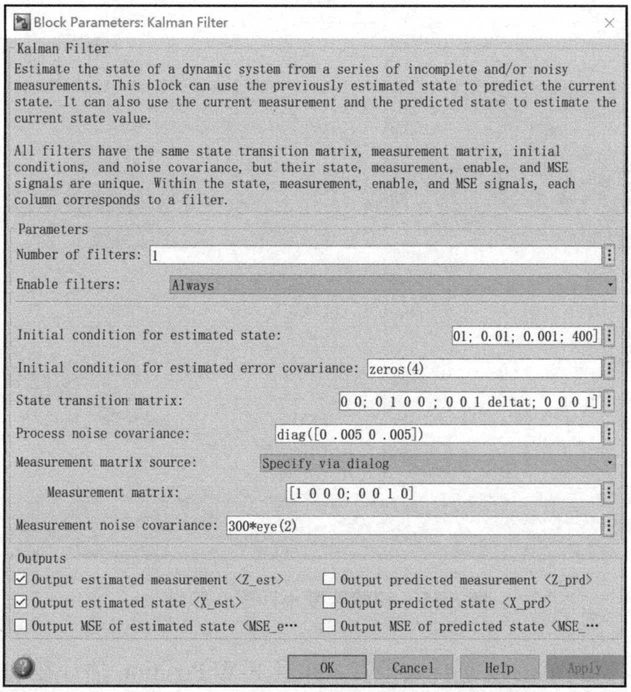

图 6.34　卡尔曼滤波器模块参数设置对话框

　　卡尔曼滤波器模块在此应用中产生两个输出。第一个输出是对实际位置的估计，该输出被转换为方位坐标，因此可以将其与测量值进行比较以产生残差，即计算估计值与测量值之间的差值。卡尔曼滤波器模块对测量的位置数据进行平滑，以产生其对实际位置的估计。卡尔曼滤波器模块的第二个输出是飞机状态的估计。该状态由四个数字组成，分别表示 X 和 Y 坐标中的位置和速度。

　　下面对实验过程及结果进行介绍。

4. 实验 1：降低 Y 方向上的初始速度

在本实验的初始条件下，初始速度不匹配。卡尔曼滤波器模块在准确估计飞机的位置和速度时效果最佳，但是在初始速度不匹配的条件下，可以通过时间来补偿不良的初始估计。可通过更改卡尔曼滤波器中估计状态参数的初始条件项，即图 6.34 中 Initial condition for estimated state 参数，可以看出，在当前条件下，该参数将 Y 方向上初始速度的正确值设置为 400，尝试将估计值更改为 100 并再次运行模型，查看结果，如图 6.35 所示。

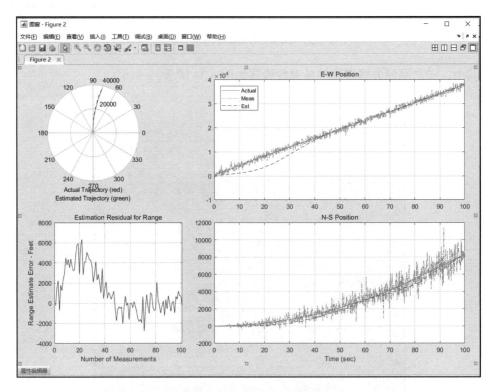

图 6.35　初始速度不匹配实验结果

通过结果，观察到范围残差要大得多，并且 E-W Position 估计在初始时是不准确的。随着测量的数量收集得越来越多，残差逐渐变得更小并且位置变得更准确。

5. 实验 2：增加测量噪声最大幅度

本实验介绍增加测量噪声后的实验结果。在本模型中，与最终范围相比，加到范围估计中的噪声相当小。在 Meas. Noise Intensity 模块中，当前设置的噪声最大幅度为 300ft[①]，如图 6.36 所示，而最大的范围为 40000ft。

---

① 1ft=0.3048m。

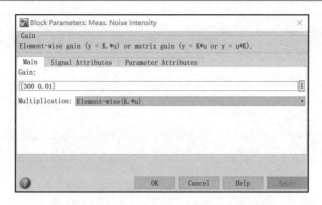

图 6.36　Meas. Noise Intensity 模块参数设置

因此，尝试通过更改 Meas. Noise Intensity 模块中的 Gain 项，将范围噪声的幅度增加到更大的值，例如，可以增加到当前值的 5 倍，即 1500ft。修改后输出的结果如图 6.37 所示。

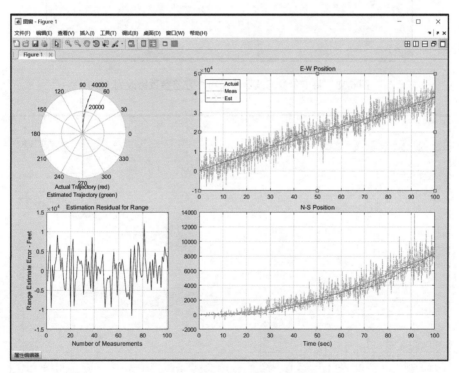

图 6.37　增加测量噪声实验输出

观察到以上结果中，表示估计位置的虚线 (Est) 已经远离代表实际位置的实线 (Actual)，并且曲线变得更加"凹凸不平"，出现"锯齿状"。

可以通过给卡尔曼滤波器模块更优的估计测量噪声来部分地补偿估计的不准确性。尝试将卡尔曼滤波器模块的测量噪声协方差参数设置为 1500 并再次运行模型，卡尔曼滤波器模块的参数修改如图 6.38 所示，运行模型输出结果如图 6.39 所示。

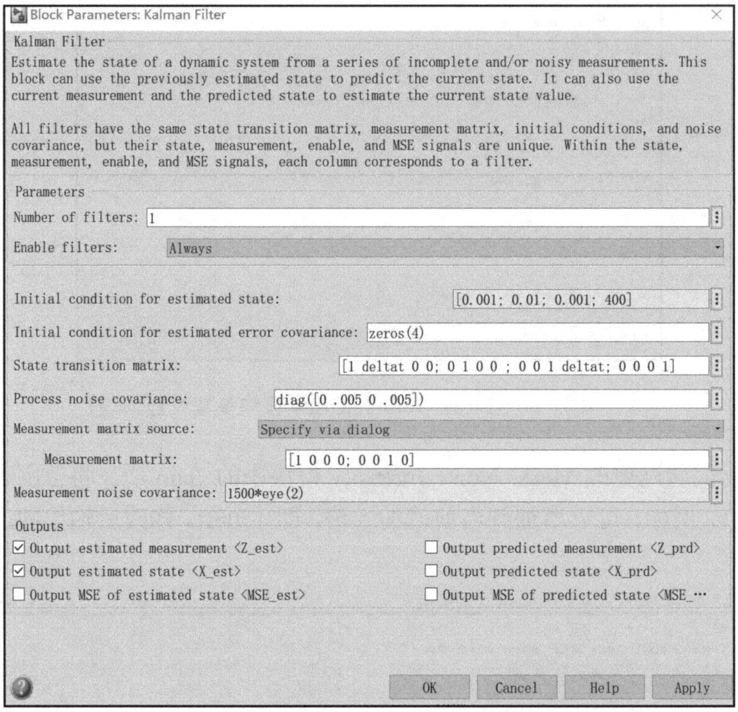

图 6.38　将卡尔曼滤波器的噪声协方差参数修改为 1500

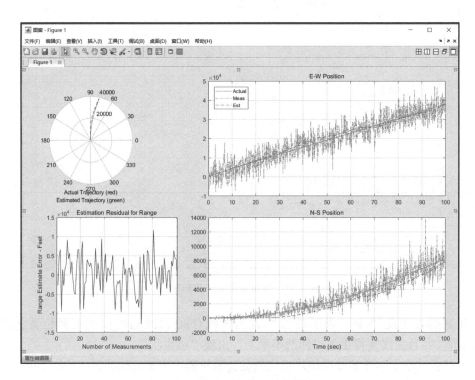

图 6.39　修改噪声协方差参数输出

　　由图 6.39 观察到，当给定的测量噪声估计更优时，E-W Position 和 N-S Position 估计曲线变得更平滑。N-S Position 曲线始终产生错误的位置估计，考虑到测量值与 N-S Position 坐标值之间的噪声比，这样的结果是预料中的。

　　通过上述示例，利用卡尔曼滤波器模块来实现雷达跟踪，对比初始速度不匹配及不同噪声协方差的实验条件下的实验结果，得出结论：卡尔曼滤波器可以随时间推移收集更多的测量值来弥补初始估计的不足；修改噪声协方差参数，对实验结果会产生较大的影响，更优的噪声会产生比较好的结果。

参 考 文 献

柏正尧, 普园媛, 2020. MATLAB 高级编程与工程应用. 北京: 科学出版社.

李献, 骆志伟, 于晋臣, 2017. MATLAB/Simulink 系统仿真. 北京: 清华大学出版社.

张贤达, 1996. 信号处理中的线性代数. 北京: 清华大学出版社.

ALLEN J B, RABINER L R, 1977. A unified approach to short-time Fourier analysis and synthesis. Proceedings of the IEEE, 65(11): 1558-1564.

ARSKE P, NEUVO Y, MITRA S K, 1988. A simple approach to the design of linear phase FIR digital filters with variable characteristics. Signal processing, 14(4): 313-326.

CONSTANTINIDES A G, 1969. Design of bandpass digital filters. Proceedings of the IEEE, 57(6): 1229-1231.

CONSTANTINIDES A G, 1970. Spectral transformations for digital filters. Proceedings of the institution of electrical engineers, 117(8): 1585-1590.

CORDESSES L, 2004. Direct digital synthesis: a tool for periodic wave generation(part 1). IEEE signal processing magazine, 21(4): 50-54.

DEHNER G F, 2003. Noise optimized IIR digital filter design—tutorial and some new aspects. Signal processing, 83(8): 1565-1582.

DUTTA ROY S C, KUMAR B, 1989. On digital differentiators, Hilbert transformers, and half-band low-pass filters. IEEE transactions on education, 32(3): 314-318.

FEYH G, FRANCHITTI J C, MULLIS C T, 1986. All-pass filter interpolation and frequency transformation problem. Proceedings 20th asilomar conference on signals, systems and computers, Pacific Grove, California: 164-168.

FEYH G, JONES W B, MULLIS C T, 1988. An extension of the schur algorithm for frequency transformations, linear circuits, systems and signal processing: theory and application. Amsterdam: Elsevier.

FRANCHITTI J C, 1985. All-pass filter interpolation and frequency transformation problems. Boulder: University of Colorado.

GERSHO A, GRAY R, 1992. Vector quantization and signal compression. Boston: Kluwer Academic Publishers.

HARRIS F J, DICK C, RICE M, 2003. Digital receivers and transmitters using polyphase filter banks for wireless communications. IEEE transactions on microwave theory and techniques, 51(4): 1395-1412.

HAYES M H, 1996. Statistical digital signal processing and modeling. New York: John Wiley & Sons.

HAYKIN S, 1996. Adaptive filter theory. 3rd ed. Englewood Cliffs: Prentice Hall.

JARSKE P, NEUVO Y, MITRA S K, 1988. A simple approach to the design of linear phase fir digital filters with variable characteristics. Signal processing, 14(4): 313-326.

Jr MARPLE S L, 1987. Digital spectral analysis with applications. Englewood Cliffs: Prentice Hall.

Jr STOCKHAM T G, 1966. High speed convolution and correlation. Proceedings of the 1966 spring joint computer conference. AFIPS, (28): 229-233.

KABAL P, RAMACHANDRAN R, 1986. The computation of line spectral frequencies using Chebyshev polynomials. IEEE transactions on acoustics, speech, and signal processing, 34(6): 1419-1426.

KAY S M, 1988. Modern spectral estimation: theory and application. Englewood Cliffs: Prentice Hall.

KENDALL M G, ALAN S J, KEITH O, 1983. The advanced theory of statistics, vol. 3: design and analysis, and time-series. 4th ed. London: Macmillan.

KUO S M, MORGAN D R, 1996. Active noise control systems: algorithms and DSP implementations. New York: John Wiley & Sons.

LAAKSO T I, VÄLIMÄKI V, KARJALAINEN M, et al., 1996. Splitting the unit delay-tools for fractional filter design. IEEE signal processing magazine, 13(1): 13-60.

LANG M, 1998. Allpass filter design and applications. IEEE transactions on signal processing, 46(9): 2505-2514.

LIU H, SHAH S, JIANG W, 2004. On-line outlier detection and data cleaning. Computers & chemical engineering, 28(9): 1635-1647.

LUTOVAC M, TOSIC D, EVANS B, 2001. Filter design for signal processing using MATLAB and mathematica. Englewood Cliffs: Prentice Hall.

LYONS R G, 2005. Understanding digital signal processing. Englewood Cliffs: Prentice Hall.

MAKHOUL J, 2005. Linear prediction: a tutorial review. Proceedings of the IEEE, 63(4): 561-580.

MARKEL J D, Jr GRAY A H, 1976. Linea prediction of speech. New York: Springer-Verlag.

MITRA S K, 2003. Digital signal processing-a computer based approach. 2nd ed. New York: Mc Graw Hill.

MITRA S K, KAISER J F, 1993. Handbook for digital signal processing. New York: John Wiley & Sons.

MULLIS C T, ROBERTS R A, 1987. Digital signal processing. Massachusetts: Addison-Wesley.

NOWROUZIAN B, CONSTANTINIDES A G, 2002. Prototype reference transfer function parameters in the discrete-time frequency transformations. IEEE symposium on circuits & systems, 2(3): 1078-1082.

OPPENHEIM A V, SCHAFER R W, 1989. Discrete-time signal processing. Englewood Cliffs: Prentice Hall.

ORFANIDIS S J, 1985. Optimum signal processing: an introduction. 2nd ed. New York: Macmillan.

ORFANIDIS S J, 1995. Introduction to signal processing. Englewood Cliffs: Prentice Hall.

PROAKIS J G, MANOLAKIS D G, 1996. Digital signal processing. 3rd ed. Englewood Cliffs: Prentice Hall.

REGALIA P A, MITRA S K, VAIDYANATHAN P P, 1988. The digital all pass filter: a versatile signal processing building block. Proceedings of the IEEE, 76(1): 19-37.

SARAMAKI T, 1993. Finite impulse response filter design // Handbook for Digital Signal Processing. New York: Wiley Interscience.

SELESNICK I W, BURRUS C S, 1997. Exchange algorithms that complement the Parks-McClellan algorithm for linear-phase FIR filter design. IEEE transactions on circuits and systems II analog and digital signal processing, 44(2): 137-143.

SHPAK D J, ANTONIOU A, 1990. A generalized Remez method for the design of FIR digital filters. IEEE transactions on circuits and systems, 37(2): 161-174.

STOICA P, MOSES R L, 2005. Spectral analysis of signals. Englewood Cliffs: Prentice Hall.

WELCH G, BISHOP G, 1995. An introduction to the Kalman filter. Chapel Hill: University of North Carolina at Chapel Hill.

WELCH P D, 1967. The use of fast Fourier transform for the estimation of power spectra: a method based on time averaging over short, modified periodograms. IEEE transactions on audio and electroacoustics, 15(2): 70-73.